아이의 공부 그릇

— 내 아이 공부 그릇을 키우는 사상체질 학습법 —

아이의 공부 그릇

강용혁 · 최상희 지음

위즈덤경향

아이 마음부터 들여다보자

어떻게 키우는 것이 '1등 교육'일까. 세상은 학교 성적을 기준으로 삼기도 한다. 하지만 명문대 진학에 남부러운 직업을 갖고도 단한 번의 실패 때문에 돌이킬 수 없는 안타까운 선택을 한다면? 과연 이들을 1등이라 말할 수 있을까.

인생에 탄탄대로만 있는 것은 아니다. 어쩌면 한 번의 성공을 위해 수없이 많은 실패를 경험해야 할지도 모른다. 그렇다면 언젠가다가올 실패에도 좌절하지 않을 용기와 지혜를 가르치는 일이 중요하지 않을까.

하지만 요즘의 교육 현실을 돌아보자. 부모도 아이도 온통 성적을 위한 국어, 영어, 수학 공부에만 몰두하다 보니 그게 전부인 양착각한다. 부모가 조급해져 내 아이의 기질이나 개성은 보지 않고, 세상의 거칠고 날카로운 잣대부터 아이 목에 들이댄다.

세상 그리고 부모와의 소통 부재는 아이들을 신음하게 만든다.

소통의 부재는 불안과 분노로 변형되어 아이들 내면에 바이러스처럼 잠복한다. 그러다 성인이 되면 조그만 스트레스나 실패도 견뎌내지 못해 우울증으로 고통을 겪거나 극도의 좌절감에 안타까운 선택을 하기도 한다.

그런데도 부모들은 잘 모른다. 잘못된 결과가 어린 시절 훈육 방식으로 이미 형성된 것임을. 부모는 그저 자식을 위해 지극정성으로 뒷바라지했을 뿐이라고 여긴다. 또한 내 배로 낳아 키운 내 아이는 내가 가장 잘 안다고 착각한다. 이런 부모에게는 아이의 신음소리가 아무리 크다 한들 전혀 들리지 않는다. '내 아이는 이랬으면……' 하는 상象을 미리 갖기 때문이다.

아이의 미래는 그렇게 쉽게 결정되는 것이 아니다. 부모가 결정지을 수 있는 것은 더더욱 아니다. 아이의 어린 시절은 이제 겨우 반죽을 빚는 단계일 뿐이다. 부모가 서둘러 틀에 박힌 상을 가질수록 아이는 힘들어진다.

진료실을 찾는 아이들 중에는 '어떻게 이 지경이 되도록 몰아붙였을까' 싶을 정도로 상태가 심각한 경우도 많다. 아이가 몸과 마음의 이상을 호소하거나 학교 적응에 실패하는 등 큰 시련에 봉착해서야 내원하기 때문이다.

자신에게도 원인이 있음을 인정하는 부모는 소수에 불과하다. 대부분의 의료기관도 아이의 문제를 아이 잘못으로 낙인찍는 병명을 붙여준다. 단순한 신체적 질병이라며, 정작 근본적인 부모 문제는 감춰버린다. 그러나 아이만의 문제가 아니라는 걸 부모도 알고 세상도 안다. 이제라도 솔직해질 수 있는 부모의 용기가 필요하다.

이 책에 담긴 '체질학습법'은 단순히 성적을 올리기 위한 노하우가 아니다. 아울러 '행복은 성적순이 아니에요' 식의, 우리네 현실과 동떨어진 '이상적인' 메시지를 전하자는 것도 아니다. 어차피 해야 하는 공부, 이왕이면 아이들 기질에 맞는 학습법을 통해 아이들이 고단한 배움의 과정에서 조금이나마 덜 상처받고 고난을 견뎌낼 내면의 힘을 함께 길러주자는 것이다. 내면의 힘이 있어야 위기에 강한 사람으로 성장할 수 있다.

아이의 기질에 맞는 학습법을 찾으려면 무엇보다 내 아이를 있는 그대로 관찰하려는 노력을 우선해야 한다. 아이의 타고난 성정性情의 장단점, 즉 아이의 심리를 분석하는 연습을 통해 아이의 체질을 파악해야 한다. 그래야 부모들의 시행착오를 막을 수 있고, 적어도 부모가 희망하는 모습과는 다른 패턴으로 성장할 가능성은 없는지 객관적으로 돌아볼 수 있다. 이는 부모의 완고한 착각을 스스로 의심해볼 수 있는 좋은 기회가 될 것이다.

체질학습법은 한마디로 교육을 포함한 '자식농사법'의 사상의학 버전이라 할 수 있다. 사상의학은 인간의 타고난 정신 구조를 다루는 일종의 정신분석학이다. 세상의 기준과 부모의 욕심에 내 아이를 끼워 맞추기보다 내 아이의 타고난 마음결부터 들여다보게 하는 것이 이 책의 목적이다. 아이의 타고난 마음결을 알고 난 뒤에야 비로소 넘치는 것은 덜어주고 모자라는 것은 보태줄 수 있다.

이 책이 출간되기까지 교육 전문 기자인 최상희 선배의 도움이 컸다. 또한 귀한 지면을 내주고 출간을 허락해주신 《경향신문》과

위즈덤하우스에도 감사를 드린다. 아울러 필자의 자기 분석 수련을 도와준 선배들과, 한의사로서 자부심을 느끼며 살 수 있도록 사상의학을 창안해주신 이제마 선생께 감사의 뜻을 전한다. 사상의학을 통해 가가호호 몸과 마음의 병이 없기를 바랐던 100년 전 이제마 선생의 뜻이 모쪼록 이 책을 통해 잘 전달되었으면 하는 바람이다.

2015년 5월
강용혁

Contents

사상체질 체크 리스트 1

(성인용-자기 보고형)

1. 궁금한 것도 상대방을 배려하느라 못 물어볼 때가 많다. ☐

2. 궁금한 것은 웬만하면 물어봐야 한다. ☐

3. 겪어본 적이 없는 일도 예측이나 판단은 정확한 편이다. ☐

4. 글보다 전화나 말로 직접 하는 의사 표현이 더 편하다. ☐

5. 가장 상처가 되는 일은 자존심이 상하는 일이다. ☐

6. 갑작스러운 상황에도 이로운지 해로운지 바로 판단할 수 있다. ☐

7. 결정하기 전에는 생각이 많지만 결정하고 나면 행동이 급해진다. ☐

8. 관심이 있는 것과 없는 것에 대한 생각의 차이가 분명하다. ☐

9. 글씨가 작고 **빽빽해** 시각적으로 불편한 책은 좀처럼 읽지 않는다. ☐

10. 편한 사람과 불편한 사람을 대하는 태도가 전혀 다르다. ☐

11. 기분 나쁜 일도 그 자리에서 상대방에게 바로 얘기하지 못한다. ☐

12. 긴 이야기도 짧게 정리해서 요점만 기억한다. ☐

13. 꾸준히 행동으로 옮기는 것은 어렵지만 판단은 빠르고 정확하다. ☐

14. 남들이 재미없게 한 이야기도 내가 하면 다들 재미있다고 한다. ☐

15. 내 생각과 다르면 일단 반대부터 하고 이유를 찾는다. ☐

16. 내 실수가 드러나 당황스러워도 그럴듯하게 순간을 잘 넘긴다. ☐

17. 내가 책임져야 할 것 같은 일은 핑계를 대서라도 맡지 않으려 한다. ☐

14

18. 대화에 몰입하면 나도 모르게 사적인 이야기까지 한다. ☐

19. 매사에 처음 대하는 사람 앞이나 상황에서는 조심성이 많은 편이다. ☐

20. 며칠씩 아무 이유 없이 먹기만 하면서 토하는 때가 있다. ☐

21. 대화 중에 혼자 생각하다 자주 대화의 흐름을 놓쳐 '사오정' 소리를 듣는 편이다. ☐

22. 드라마를 보다가도 궁금한 내용이 생기면 관련 내용을 꼭 찾아본다. ☐

23. 똑똑하고 효율적인 것도 좋지만 성실함에 더 비중을 둔다. ☐

24. 모두를 위하는 큰마음을 몰라주면 슬퍼진다. ☐

25. 눈으로 본 것은 금방 기억을 잘하는 편이다. ☐

26. 대화 중에도 경우에 안 맞는 얘기가 나오면 옳고 그름을 가리려 한다. ☐

27. 모두에게 도움이 되는 일이라면 방법에 문제가 있어도 한다. ☐

28. 바둑, 낚시, 독서처럼 오랜 시간을 들여야 하는 정적인 취미는 싫다. ☐

29. 사람이 좋아 보여도 한두 번 봐서는 믿지 않는다. ☐

30. 선물은 가격보다 주는 사람 나름의 의미를 담는 게 더 중요하다고 생각한다. ☐

31. 복잡한 설명보다 상대의 의도를 듣고 단번에 판단하는 것이 더 쉽다. ☐

32. 부당한 대우를 받을 때는 정색하고 얘기하는 편이다. ☐

33. 상대방의 분명한 잘못을 지적했더라도 돌아서면 마음이 불편하다. ☐

34. 사람들과 어울릴 때 언제든 분위기를 주도할 수 있다. ☐

35. 사람을 처음 만나는 자리가 늘 부담스럽다. ☐

36. 몸에 이상이 있다 싶으면 좋아하는 것도 조절을 잘한다. ☐

37. 무례한 태도는 참아도 나의 좋은 의도를 무시하는 건 극도로 화가 난다. ☐

38. 소문난 식당이나 맛집은 멀고 오래 기다려야 해도 꼭 한번 가보려 한다. ☐

39. 속상한 일이 있으면 나도 모르게 더 빨리, 많이 먹는다. ☐

40. 신제품보다는 예전에 써본 익숙한 것을 사야 마음이 편하다. ☐

41. 손이 커서 당장 필요 없는 것도 넉넉히 사려는 경향이 강하다. ☐

42. 시야가 넓어서 다른 일을 하면서도 쉽게 주변을 잘 파악한다. ☐

43. 새로운 사람 여럿보다 한 사람과의 관계를 오래 유지하는 것이 더 어렵다. ☐

44. 신제품을 쓸 때 사용설명서를 읽지 않고 내 생각대로 조립부터 해본다. ☐

45. 일하기에 앞서 여러 경우의 결과에 대해 많이 생각하는 편이다. ☐

46. 여러 사람 앞에서 말할 때 자주 긴장되고 가슴이 두근거린다. ☐

47. 연령, 신분, 지위 등이 크게 차이가 나도 격식을 따지지 않는다. ☐

48. 예상치 못한 질문을 받으면 당황스럽지만 웃음으로 넘겨버린다. ☐

49. 예전 경험이나 의미보다는 여러 사람의 객관적인 가치를 더 중요히 여긴다. ☐

50. 예전에 먹고 탈이 났던 음식을 다시 보면 그때 기억이 생생해진다. ☐

51. 편을 나누어 끼리끼리 노는 것이 매우 싫다. ☐

52. 처음엔 화내지 않지만 여러 번 반복되면 옛날 일까지 꺼내 욱한다. ☐

53. 좋아하는 대상에 몰입하지만, 한번 접으면 미련이 없다. ☐

54. 주변 사람들에게 항상 공정한 사람이라는 평가를 듣고 싶다. ☐

55. 주변의 객관적인 가치보다는 내 생각과 의미가 더 중요하다. ☐

56. 점원이 너무 친절하거나 물건을 만져본 뒤에는 그냥 나오기가 미안하다. ☐

57. 죽음 등의 철학적인 주제를 고민하기보다 하루하루 재미나게 사는 게 ☐
    중요하다고 생각한다.

58. 직접 말로 표현하지 않아도 주변 사람이 내 맘을 알겠거니 생각한다. ☐

59. 처음 만난 자리라도 상대가 선한지 악한지 쉽게 파악할 수 있다. ☐

60. 철학적인 의미나 논리보다는 객관적인 수치에 민감한 편이다. ☐

61. 한두 번 듣고도 연주를 따라 할 정도로 청각이 발달한 편이다. ☐

62. 첫 모임에서는 '말이 너무 없다'라는 평을 자주 듣는다. ☐

63. 첫인상에서 호감과 비호감이 바로 나뉜다. ☐

64. 청소나 일을 미루다가도 마음먹으면 일을 크게 벌인다. ☐

65. 친구 사이라도 금전 계산은 정확한 편이다. ☐

66. 취미로 하던 일이라도 관심이 생기면 전문가처럼 배경 이론까지 죄다 찾아본다. ☐

67. 친한 지인이라도 더 배려하지는 않는다. ☐

68. 급할수록 흥분하지 않고 일단 상대를 관찰하며 냉정해지는 편이다. ☐

69. 하기 싫은 것을 해야 할 때는 나도 모르게 정색하며 따지듯 말한다. ☐

70. 화가 날 때는 차근차근 따지지 못하고 억울한 느낌이나 흥분이 앞설 때가 많다. ☐

71. 첫 대면에서 그 사람의 능력을 내 기준으로 판단하고 등급을 정한다. ☐

72. 몸 상태가 안 좋으면 며칠씩이라도 잠을 잔다. ☐

73. 한번 관심이 생긴 책은 밤을 새워서라도 다 읽는다. ☐

74. 오래 쓴 물건은 정이 들어 쉽게 버리지 못한다. ☐

75. 슬픈 분위기를 조성해 상대의 관심과 연민을 끌어낼 수 있다. ☐

사상체질 체크 리스트 1(성인용) – 정답

1. 태음 2. 소음 3. 태양 4. 소양 5. 소음 6. 태양 7. 소음 8. 소음 9. 소양 10. 태음

11. 태음 12. 소음 13. 태양 14. 소양 15. 소음 16. 소양 17. 소양 18. 소음 19. 태음 20. 태양

21. 소음 22. 소음 23. 태음 24. 태양 25. 소양 26. 소양 27. 태양 28. 소양 29. 태음 30. 소음

31. 태양 32. 소양 33. 태음 34. 소양 35. 태음 36. 소양 37. 태양 38. 소음 39. 태음 40. 태음

41. 태음 42. 소양 43. 태양 44. 소음 45. 소음 46. 태음 47. 태양 48. 소음 49. 소양 50. 태음

51. 태양 52. 태음 53. 소음 54. 소양 55. 소음 56. 태음 57. 소양 58. 태음 59. 태양 60. 소양

61. 태양 62. 태음 63. 소음 64. 태음 65. 소양 66. 소음 67. 태양 68. 소양 69. 소양 70. 태음

71. 소음 72. 태양 73. 소음 74. 태음 75. 소양

사상체질 체크 리스트 2

1. 이유식을 먹으면서 한동안 변비로 고생했다. ☐

2. 소화 기능이 약해 아프면 식사량부터 눈에 띄게 줄어든다. ☐

3. 신생아 때 밤낮이 뒤바뀌어 육아가 많이 힘들었다. ☐

4. 신생아 때 얕은 잠을 자서 쉽게 깨고, 깨고 난 뒤에도 자꾸 보챘다. ☐

5. 신생아 때 잠귀가 어두운 편이어서 한번 잠들면 오랫동안 푹 잤다. ☐

6. 아기 때도 거의 낯을 안 가리고 아무에게나 잘 갔다. ☐

7. 땀이 많아서 잠잘 때나 자고 난 뒤에 머리가 축축이 젖는다. ☐

8. 편식이 심하고, 좋아하는 음식과 싫어하는 음식의 구분이 뚜렷하다. ☐

9. 장난감을 주면 가지고 놀기보다 흩어버리거나 던지는 데 더 흥미를 느낀다. ☐

10. 유독 한 가지 인형만 좋아하다가도 관심 대상이 바뀌면 이전 인형은 아예 ☐

    찾지도 않는다.

11. 동생처럼 작은 아이에게는 관대하지만, 자기보다 큰 아이에게는 도전적이다. ☐

12. 집중력이 약해서 아무리 주의를 줘도 오래 집중하지 못한다. ☐

13. 낯가림이 심해서 어딜 가도 엄마 곁을 떠나려 하지 않는다. ☐

14. 언뜻 산만해 보여도 관심 있는 한 가지에는 오래도록 집중한다. ☐

15. 눈에 보이는 것은 직접 만져봐야 직성이 풀린다. ☐

16. 친구들과 놀다가 맞고 들어오는 경우가 드물다. ☐

17. 처음 본 사람과 익숙한 사람을 대하는 태도가 너무 다르다. ☐

18. 자기주장을 하기보다는 친구들에게 맞춰주고 따라 하는 편이다. ☐

19. 어린 나이에도 자기 생각이나 주장을 거침없이 표현하는 편이다. ☐

20. 기억력이 좋아서 부모가 한 말을 기억하고 잘 따라 한다. ☐

21. 먹는 것은 뭐든 안 가리고 잘 먹는다. ☐

22. 간혹 스스로 마음이 내켜서 운동을 하면 지쳐 쓰러질 때까지 한다. ☐

23. 관심사가 다양하고 많은 데 비해 금방 싫증내고 지속 기간이 짧다. ☐

24. 새로운 것에 유난히 겁이 많다. ☐

25. 궁금한 것은 부모가 귀찮아할 정도로 당장 물어봐야 직성이 풀린다. ☐

26. 깊은 잠을 자지 않아도 활동하는 데 지장이 없는 편이다. ☐

27. 먼저 주도하기보다 친구나 형제들이 하는 대로 따라 하는 편이다. ☐

28. 상대가 덩치 큰 아이라도, 승부를 가리는 일이라면 이기려고 안간힘을 쓴다. ☐

29. 또래에 비해 순발력이나 운동 감각이 뛰어나다. ☐

30. 매사에 조심성이 지나친 편이다. ☐

31. 지는 것을 싫어한다. ☐

32. 반찬은 마음에 드는 딱 한두 가지만 먹는다. ☐

33. 밥을 잘 안 먹어서 키우면서 유난히 애를 먹었다. ☐

34. 부모의 지시에 지나칠 정도로 말대답을 한다. ☐

35. 새 친구나 선생님에게 적응하는 데 또래보다 오래 걸리는 편이다. ☐

36. 속상해도 좀처럼 먼저 말로 표현하지 않는다. ☐

37. 혼자서 조용히 책 보는 걸 즐기는 편이다. ☐

38. 싫은 일도 주변에서 요구하는 대로 그냥 맞춰주는 경우가 많다. ☐

39. 어린아이라도 부모의 기분을 재빠르게 파악한다. ☐

40. 아이가 눈치 빠르게 행동해서 야단칠 타이밍을 놓칠 때가 많다. ☐

41. 동적인 운동보다는 정적인 취미를 선호한다. ☐

42. 저녁에 안 자려 하고 아침에 깊이 자는 편이다. ☐

43. 좋고 싫음을 말로 잘 표현하지 못한다. ☐

44. 좋고 싫은 것에 대해 의사 표현이 분명하다. ☐

45. 집 안에서도 발을 구르고 뛰는 등 활발하게 뛰어논다. ☐

46. 초기에는 재능을 보이다가도 뒷심이 부족해 끝을 보지 못한다. ☐

47. 당황하면 우물쭈물하거나 멍해져서 평소 잘하는 것도 제대로 표현하지 못한다. ☐

48. 한두 명의 친구하고만 깊은 관계를 유지한다. ☐

49. 한 가지에서 막히면 그다음 단계로 대충 넘어가지 못한다. ☐

50. 친구는 다양하게 여러 명을 동시에 사귄다. ☐

사상체질 체크 리스트 2(유아용) - 정답

1. 태음 2. 소음 3. 태음 4. 소양 5. 소음 6. 소양 7. 태음 8. 소음 9. 소양 10. 소음
11. 소양 12. 소양 13. 태음 14. 소음 15. 소양 16. 소양 17. 태음 18. 태음 19. 소음 20. 태음
21. 태음 22. 소음 23. 소양 24. 태음 25. 소음 26. 소양 27. 태음 28. 소양 29. 소양 30. 태음
31. 소양 32. 소음 33. 소음 34. 소음 35. 태음 36. 태음 37. 소음 38. 태음 39. 소양 40. 소양
41. 소음 42. 소음 43. 태음 44. 소음 45. 소양 46. 소양 47. 태음 48. 소음 49. 소음 50. 소양

• 위 체크 리스트는 마음자리한의원의 사상심학유형검사(FSFD：Four type Superior Function Dx.) 가운데 일부를 발췌한 것으로, 표현 내용과 검사 방식의 무단 게재 및 재인용을 금합니다.

• 위의 내용은 사상의학의 타고난 체질별 성정에 근거한 것입니다. 살면서 타고난 본성이 있는 그대로 발현될 때 가장 빈번히 나타나는 특징을 꼽았습니다. 물론 성장 환경이나 직업 등의 영향으로 본성과 다른 후천적인 성향이 뒤섞여 나타날 수 있습니다. 또 평가자의 주관적인 평가에 의존하는 설문조사 방식으로 한계가 있을 수 있습니다. 결과는 참고용으로만 활용하고 정확한 분석은 전문가의 도움을 받는 것이 좋습니다.

• 본 검사는 성정 분석을 전공한 전문가가 실시하고 해석해야 피검사자의 정확한 체질과 타고난 심리 유형을 찾는 데 도움을 줄 수 있습니다. 본 검사의 결과에 따라 섣불리 약물을 복용하거나 음식을 가려 먹는 것 등은 권장하지 않습니다.

Part
01

아이의 학습 잠재력,
체질 속에 답이 있다

Chapter 1

현명한 부모는
아이의 체질을 공부한다

아이의 행복을 위해
부모가 먼저 공부해야한다

'오늘 내가 죽는다면?'

후회 없는 삶을 살고 싶다면 끊임없이 던져야 할 질문이다. 그 뒤에는 '무엇이 가장 후회되는가?'와 '그렇다면 오늘 당장 무엇을 할 것인가?'라는 물음이 이어진다. 오늘 당장 내가 세상에서 사라져도 나를 대신할 사람은 많다. 나만 찾아오던 단골 환자도 조금 번거롭긴 하겠지만 또 다른 의사를 찾아가면 그만이다. 내가 몸담았던 다양한 사회 활동 역시 금방 다른 사람들로 채워지게 마련이다. 아무 일 없다는 듯 잘 돌아가거나 오히려 더 뛰어난 적임자가 나타날 수도 있다.

이 얼마나 섭섭한 일인가. 하지만 단 한 가지, 아무도 대신해줄 수 없는 것이 있다. 바로 '부모' 역할이다. 내 아이에게 나 대신 부모 역할을 제대로 해줄 사람은 없다. 그렇다면, 만일 내게 주어진 시간이 오늘 단 하루라면? 이 세상에서 누구도 대신해줄 수 없는 나만의 가장 가치 있는 일을 하고 싶지 않을까.

부모의 역할은 세상 그 어떤 직업적 성취나 명예보다 가치 있는 일이다. 권력이나 명예의 정점을 누렸던 이들도 은퇴 시점에 이르면 너나없이 말한다. 다시 젊은 시절로 돌아갈 수만 있다면, 되찾고 싶은 가장 소중한 가치는 권력도 명예도 아닌 바로 가족이라고. 그걸 미처 몰랐던 것이 인생에서 가장 후회된다고.

그럼에도 우리는 너무나 쉽게 부모가 되고, 부모의 역할이란 누가 맡든 다 비슷하다는 착각에 빠져 산다. 요즘은 부모의 역할을 회사에서의 승진이나 경제 활동에 비해 그리 큰 의미를 두지 않는 것도 사실이다. 한 집안을 책임지는 가장이라면 직업 성취가 더 중요하고, 이는 가족을 위한 것이라고 합리화한다. 전업주부도 분명 중요한 직업이라고 강조하지만, 주부라는 직업의 성취를 위해 연구하고 공부하는 사람은 그리 많지 않다. 흔히 아이들의 성적을 올리는 데 몰두하는 과도한 모정을 열정과 착각한다.

대부분의 사람은 학교를 졸업하고 때가 되면 결혼을 한다. 그러다 아이가 생겨 낳고 기르다 보면 어느새 부모라는 자리에 서 있게 된다. 그런데 부모라는 자리는 학업이나 취업만큼 간절하게 원하고 얻어낸 성취라기보다는 자연스럽게 주어진 것이라는 느낌이 강하다.

과연 내일 죽음을 맞는다면, 자신에게 맡겨진 것 가운데 가장 가치 있는 일이 부모 역할이라는 데 마음속으로 동의하는가. 그렇다면 이를 위해 얼마나 간절히 노력하며 살고 있는가. 대학 진학과 취업을 위해 엄청나게 공부하며 준비한 것에 비해, 내 아이를 제대로 키우기 위해서는 얼마나 공부했는가. 육아와 자녀교육을 위해 읽은 책이 몇 권이나 될까.

'부모는 저절로 되는 것'이라고 착각하고 있지는 않은가. '낳아 놓으면 알아서 큰다'라며 방치하지는 않았는가. 비싼 과외 시키고 좋은 학원 보내며 '공부하라'라는 잔소리만 반복하지는 않았는가. 비싼 전집만 사다 주면 아이가 저절로 책을 좋아하게 될 것이라고 믿지는 않았는가.

물론 완벽한 부모는 없다. 거의 모든 부모가 자녀교육에서 많은 시행착오를 겪는다. 그런데 문제는 시행착오가 아니라 '남들도 다 그렇게 사는 것 아닌가' 하며 당연하게 여기는 것이다. 이런 생각에서 벗어나야 한다. 잘못된 학습과 훈육의 결과는 단순히 국·영·수 점수로만 그치지 않는다. 아이의 타고난 성정과 어긋나는 어린 시절의 훈육과 학습은 마음에 상처가 된다. 결국 이 상처가 성인이 되고 난 뒤 공황장애나 우울증으로 이어지는 것을 진료실에서 수없이 목격한다. 학교 성적이나 진학 문제만이 아니라, 한 인간의 삶 전반에 영향을 미치는 것이 자녀교육이다.

도자기도 시간이 지나 말라버리면 그 형태를 바꾸기 어렵다. 자녀교육 역시 때가 있다. 커가는 아이를 지켜보면서 '좀 더 일찍 알았더라면' 싶은 것들이 많다. 특히 아이들의 단점을 지켜보노라면 내 탓인 것 같은 생각에 후회한 일이 부지기수다. 그러나 지난 세

월을 돌이킬 수는 없다. 방법이 있다면 앞으로 남은 시간에 더욱 충실해지는 것뿐이다.

공자는 "허물이 있는데도 고치지 않는 것, 이것이 진짜 허물이다. 그런데 소인들은 허물이 있어도 둘러대기만 한다"라고 말했다. 알고도 고치지 않고, 몰라도 묻고 배우지 않는 것이 가장 큰 시행착오이자 허물이다. 부모 학습이 중요한 이유가 여기 있다.

자식을 낳았다고 해서 저절로 키워지는 것이 아니고, 밥 먹이고 학교에 보낸다고 해서 제대로 커가는 것도 아니다. 아이의 행복은 결코 성적순이 아니다. 그리고 자녀교육은 분명 아이의 행복을 결정하는 제1의 변수다. 아이의 행복을 위해서는 아이가 아니라 부모가 먼저 공부해야 한다.

아이의 타고난 마음결대로 키워야 한다

학습에 관련해 아직도 생생히 기억하는 몇 가지 경험이 있다. 첫 번째는 한의대 재학 시절 해부학 스터디를 할 때다. 해부학은 암기해야 할 것이 넘쳐나서 힘든 과목이다. 그래서 동아리 1년 선배들과 일종의 선행학습을 한다. 대개 학교 근처 숙소에서 1박 2일간 합숙을 하며 해부학의 첫 관문인 골학骨學 스터디를 한다. 말이 스터디지 1박 2일 감금된 채 이틀 내내 구두시험을 본다.

선배들이 뼈의 구조와 명칭을 설명해주면, 빠른 시간 안에 외워서 선배에게 검사를 받는다. 통과를 못 하면 다시 시간을 얻어 계속 반복한다. 문제는 해부학 용어가 라틴어여서, 어려운 공룡 이름처럼 좀처럼 입에 붙지 않는다는 것이다.

1박 2일 내내 시쳇말로 '똥줄이 탔다'. 뭐가 뭔지도 모르는 상황에서 무조건 시간 안에 할당량을 외우라고 하니 마음만 급하고, 그럴수록 더 외우기 힘들었다. 그럼에도 함께한 동기들은 곧잘 외웠다. 마치 머릿속에 사진기가 있어 그대로 찍어두었다가 암송하는 것 같았다.

동기들의 암기 실력에 감탄할 겨를도 없이 얼굴이 화끈 달아올랐다. 점점 도망치고 싶었다. 공부라면 어느 정도 한다고 자부했던 자존심마저 무너졌다. 동기는 이미 한 과정을 마치고 쉬고 있는데 필자는 계속 외우고 검사받기를 반복해야 했다. 비슷한 점수를 받고 입학했는데 왜 이렇게 차이가 날까 싶은 자괴감도 들었다. 시간이 어떻게 흘러갔는지도 모르게 1박 2일이 지나갔다. 결국 필자는 꼴찌로 일정을 마치면서 선배들에게 죄지은 듯 연신 미안한 표정을 지어야 했다.

다시는 이런 식의 스터디는 하고 싶지 않았다. 그런데 한 동기가 "이렇게 짧은 시간에 효율적으로 집중할 수 있어서 정말 좋았다"라고 말하는 게 아닌가. 지옥에라도 다녀온 느낌의 필자와 달리, 그 친구는 그런 방식을 나름 즐기고 있었다. 반면 필자는 1박 2일 동안 무수히 많이 외운 듯한데, 정작 머릿속에 남은 거라고는 단어 몇 개뿐이었다. 한 대 얻어맞은 듯 멍한 기분이었다. 오래도록 기억나는 것은 뒤풀이에서 들은 한 선배의 말이었다.

"스터디 성적과 학기 말 성적이 반대되는 경우가 많더라."

동기들에 비해 채 반도 외우지 못한 필자를 위로하기 위한 말이었다.

대학 졸업 후 정신분석을 공부하고 난 뒤 되돌아보니, 그 동기는 소양인이고 필자는 태음인이라는 것을 알았다. 소양인은 순간 집중력과 순발력이 뛰어나다. 방금 전에 본 것도 사진기처럼 그대로 기억했다가 바로 옮겨 적을 수 있다. 소양인의 단점은 반복되는 것에 흥미를 못 느끼고 지구력이 떨어진다는 점이다. 태음인은 이런 면에서 정반대다. 뭘 하든 처음에는 지나치게 긴장하기 때문에 안정감 속에서 한 발 한 발 나아가야 실력을 발휘한다. 서두르거나 주위에서 재촉하면 긴장하다 못해 공황상태에 빠진다.

학기 말 성적은 어땠을까? 소양인 동기 가운데 한 명은 C, 다른 한 명은 A를 받았다. 동기들 가운데 A+를 받은 건 필자가 유일했다. 선배가 건넨 위로의 말이 현실로 나타난 것이다. 만약 선배들이 뒤처진 필자에게 모멸감이라도 주었다면 어땠을까. 그렇더라도 학기 중에 꾸준한 노력을 통해 극복할 수 있었을까. 당시 필자는 체질에 대한 내용은 몰랐어도 '점점 극복할 수 있다'라는 자신감은 있었다. 나만의 스타일대로 꾸준히 공부한 덕분에 암기력이 뛰어난 동기들보다 더 좋은 학점을 받을 수 있었다.

그렇다면, 태음인이라면 누구나 어떤 상황에서든 꾸준히 노력하여 난관을 극복하는 것일까. 그렇지는 않다. 어릴 때 형성된 자신감이 없으면, 이런 상황에 직면해 오히려 공황상태에 빠져 포기하거나 내면으로 숨어버리게 된다.

또 다른 기억 하나는 중1 때의 일이다. 수학 문제를 풀다가 막혔다. 답안지와 정답 해설을 아무리 읽어봐도 도무지 이해가 안 됐다. 결국 함께 살던 수학과 대학교수인 삼촌에게 물었다. 그런데 삼촌의 반응이 의외였다.

"나는 이런 수학은 잘 모른다."

삼촌은 아예 문제집을 들여다보려고도 하지 않았다. 수학 교수라고 잘난 체하는가 싶어 두고두고 섭섭했다. 그 뒤로는 어떤 일이 있어도 삼촌에게 수학 문제를 물어보지 않았다.

그날 삼촌은 왜 가르쳐주지 않았을까. 공부에 대한 집요함과 절박함을 갖게 해주고 싶었던 것이다. 수학 교수이니 물론 쉽게 가르쳐주거나 별도로 과외 지도를 해줄 수도 있었을 것이다. 만약 그랬다면 당장 필자의 수학 실력은 훨씬 나아졌을 것이다. 공부도 더 수월했을 것이다. 그러나 조금만 난관에 부딪치거나 어려운 문제가 생기면 스스로 풀기보다 삼촌에게 의지하려 했을 것이다. 장기적으로는 결코 바람직하지 못한 결과다.

오히려 삼촌이 급한 마음에 "이것도 모르냐"라고 면박을 주며 너무 많은 내용을 전달하려 했다면 어땠을까. 가뜩이나 똥줄이 타들어가는데 역효과만 났을 것이다. 그날 필자는 수학 문제를 못 풀었다고 모멸감을 느끼지도, 조급함을 느끼지도 않았다. 다만 스스로 해보겠다는 오기가 발동했을 뿐이다. 그것이 그날 얻은 가장 큰 수확이었다.

이후 어떤 어려운 문제가 있어도 끝까지 매달려 풀어낼 수 있다는 자신감이 생겼고, 수학이 가장 자신 있는 과목이 되었다. 이러한 경험이 이후 인생의 난관에 직면해서도 좌절하지 않게 해주는 힘이 되어준 것이 아닐까 싶다.

마지막으로 한의대를 졸업하고 신문사에 기자로 입사한 뒤에 있었던 일이다. 신참 기자는 관할 경찰서 대여섯 군데를 번개 같은 속도로 돌아다니며 기삿거리를 찾아 선배에게 보고하는 훈련 과정을 거친다. 잠자는 시간은 고작 두세 시간. 새벽 2시경 잠이 들면 새벽 4~5시에 일어나 경찰서를 취재한 뒤 아침에 보고하는 식이다. 그야말로 '빨리빨리'의 연속이다. 제대로 못 하면 한마디로 '깨지는' 날이다. 이 역시 해부학 스터디와 마찬가지로, 짧은 기간 내에 훈련 효과를 극대화하는 과정이다.

낮 동안의 취재 과정 역시 고역이었다. 예컨대 화재로 어린 자녀를 잃고 넋이 나간 부모에게 다가가 말을 걸고 기삿거리를 얻어내는 식이다. 일주일 만에 덜컥 겁에 질렸다. 일주일간 겪은 환경 변화로는 내 인생에서 최고치가 아니었던가 싶다.

입사 일주일 만에 포기하고 싶은 마음이 들었다. "당장의 결과보다 기자로서 한계가 어디까지인지 부딪쳐보는 것뿐이니 참고 버텨보라"라는 선배의 말에 겨우 힘을 냈다. 필자에게는 해부학 스터디와 마찬가지로 6개월의 수습기자 시절 역시 다시는 겪고 싶지 않은 시간이었다. 그러나 그것 또한 점점 익숙해지면서 좋은 평을 받는 기사를 쓰고, 기자 생활의 재미도 느끼게 되었다.

이 세 가지 에피소드는 필자의 태음인 기질을 단적으로 보여준다. 학창 시절뿐만 아니라 성인이 된 이후에도 처음 접하는 상황에서는 긴장도가 높고, 긴장이 극대화되면 피하고 도망치고 싶어진다. 이를 극복할 수 있게 해주는 건 따뜻한 지지다. 태음인에게 다그치고 효율만을 강조하면 끝내 도망가 숨어버린다. 이는 타고난 기질이어서 평생 변하지 않지만 훈육 과정을 통해 긍정적으로 극복할 수도 있다.

물은 섭씨 100도가 되면 끓기 시작한다. 예외가 없다. 그런데 그 물을 뚝배기에 담느냐 양은 냄비에 담느냐에 따라 끓기까지의 시간이 다르다. 뚝배기라면 양은 냄비보다는 훨씬 느리게 천천히 달궈질 것이다. 그래도 언젠가는 끓는다. 그런데 그때를 기다려주지 못하고 뚝배기는 쓸모없는 그릇이라고 치워버린다면 어떻게 될까. 한번 달궈지면 양은 냄비보다 훨씬 오래도록 온도가 유지되는 장점을 발휘할 수 없게 된다.

이처럼 한 인간이 타고난 그릇에 따라, 마음결에 따라 그 능하고 부족함은 다르게 마련이다. 그 결대로 장점을 최대한 발휘할 수 있도록 돕는 것이 바로 체질학습법의 목표라 할 수 있다.

체질에 안 맞는 학습법이 화를 부른다

왼손잡이로 태어난 의사에게 오른손을 이용해 중요한 수술을 하라고 하면 어떨까. 많은 연습과 수련을 거듭한다면 못할 것도 없다. 하지만 타고난 왼손을 이용하면 훨씬 잘할 수 있다. 비록 엇비슷한 성과를 내더라도 왼손잡이가 오른손으로 수술을 하려면 훨씬 더 많은 긴장과 집중력이 필요하다. 이것이 계속되면 정신적·신체적 에너지 소모가 많아질 수밖에 없다.

따라서 자신의 타고난 성정, 즉 체질에 따라 순리대로 풀어가야 한다. 그렇지 않으면 몸도 마음도 안 맞는 옷을 입은 것처럼 늘 긴장되고 스트레스가 높아져 질병으로까지 이어진다. 체질에 안 맞는 일을 한다고 아예 못하는 것은 아니다. 할 때 하더라도 훨씬 더 많은 에너지를 소모해야 한다는 것이다. 반면 체질에 맞는 일은 훨씬 수월하게 즐기면서 할 수 있다.

한 초등학교 2학년 학생이 엄마와 함께 내원했다. 학교에서 산만하고 수업에 집중을 못해 주의력결핍 과잉행동 장애ADHD일 가능성이 있다며 병원에 데려가보라는 권유를 받았다고 한다. 엄마는 가슴이 철렁해서 아이를 먼저 정신과에 데려갔다. 검사 결과 ADHD의 가능성이 있어 약물 처방을 받았지만, 엄마는 다른 치료 방법을 찾아 한의원을 방문한 것이다.

학교 선생님은 왜 그 아이가 ADHD일 거라 생각했을까. 이유는 아이의 잦은 질문 때문이었다. 아이는 한창 수업 중에도 궁금한 게 있으면 참지 못했다. 불쑥 손을 들어 질문하고, 선생님의 설명이 잘 이해되지 않으면 왜 그런 거냐고 또다시 묻거나, 선생님이 말한 건 틀렸고 그건 이런 게 아니냐며 자기 생각을 말하는 데 주저함이 없었다. 이런 행동이 너무 자주 반복되어 선생님이 수업 진행을 위해 아이의 질문을 무시하면, 아이는 수업이 끝날 때까지 손을 들고 있었다.

이 아이는 원리 원칙에도 충실했다. 친구가 먼저 장난을 걸어오거나 시비를 걸면 반드시 잘잘못을 따져야 직성이 풀렸다. 다만, 상황 파악이 느리다 보니 선생님에게 야단맞기 일쑤였다. 선생님은 시시비비를 가려주기보다 두 아이가 시끄럽게 싸우는 것으로 간주해버린 것이다. 아이가 억울해서 자초지종을 말하려 해도, 선생님은 이를 묵살하고 둘 다 벌을 세우는 것으로 일을 마무리 지었다. 무슨 일이든 쉽게 넘기려 하지 않는 이 아이가 문제라고 판단한 것이다.

아이의 태도는 한국의 교육 정서에서는 통하기가 쉽지 않다. 이런 상황이 고역인 건 아이도 마찬가지다. 스트레스를 받고 온 날이면 아이는 여지없이 구토를 했다. 이런 학교생활이 반복되다 보니 아이는 학교 가기가 싫어졌다. 학교에 다녀오면 두통과 복통을 호소했다. 갑자기 온몸이 가려워 피가 나도록 긁기도 했다. 아이의 엄마는 이렇게 한탄했다.

"공부 잘하는 건 기대도 안 해요. 이젠 학교생활을 제대로 할 수 있을지가 걱정이죠."

아이는 진료실에서도 까다롭게 굴었다. 침을 맞을 때도 "침을 왜 맞아요?" "왜 다리에 맞아요?" "몇 개를 맞아야 해요?" 등의 질문을 끊임없이 쏟아냈다. 태음인인 엄마는 처음 보는 의사에게 혹여 아이가 산만하고 예의 없다는 인상을 줄까 봐 아이를 제지하느라 바빴다.

아이의 체질은 소음인이다. 학교에서도, 집에서도, 친구 관계에서도 아이는 소음인 기질을 그대로 드러냈다. 소음인은 컴퓨터 회로와 같이 논리적인 답이 나와야 생각을 멈춘다. 그렇지 않으면 생각이 끝없이 이어지고, 급기야 결론이 나지 않는 상황을 견디지 못한다. 이처럼 한 가지에 몰입하는 소음기가 강하다 보니, 타인의 기분을 배려하거나 분위기를 파악하는 소양기, 즉 감정 기능이 매우 취약하다.

아이의 신체 증상은 이런 소음인 기질이 억압당할 때 주로 나타났다. 아이는 질문을 하면 적절한 답을 듣기보다는 어른이 시키면 혹은 선생님이 시키면 그냥 따라오라는 식의 지시를 많이 받았다. 이는 많은 학생들을 수월하게 통제하기 위한 교육 방식이다. 그러나 이 경우 소음인 학생의 호기심과 사고력은 점점 위축된다.

집안일과 어린 동생까지 돌봐야 하는 엄마로서도 아이의 질문에 일일이 성의 있게 답해주기란 쉽지 않았다. 특히 처음 가는 장소에서는 아이를 어떻게 저지해야 하나 하는 걱정에, 소음인 아이의 궁금증과 넘치는 정신적 에너지를 해소해줄 여력이 없었다.

하지만 무엇보다 가장 중요한 건 엄마의 역할이다. 학교나 선생님을 바꾸기는 어렵다. 엄마라도 아이의 '소음인 기질'에 대해 충분히 이해해야 한다. 아이가 질문하면 아이 눈높이에서 설명해주어야 한다. 수동적인 답변만 할 게 아니라, 아이가 질문한 내용에서 한 단계 더 나아가 연관된 질문을 계속 던지는 것이 중요하다. 이렇게 계속 문답이 이어지면 아이는 어느 순간 "아하!" 하며 결론을 찾게 되고, 막혔던 마음에 숨통이 트인다.

그동안 아이의 소음 기질을 사방에서 막아놓으려고만 했기에 아이는 우회로를 찾기가 어려웠다. 그러다 결국 분위기 파악을 못하는 애라거나 어른들의 통제에 잘 따르지 않는 문제아라는 인상만 갖게 된 것이다.

아이를 '문제아'로 만드는 데는 특히 엄마의 기질도 작용했다. 일단 수긍부터 하며 '예의'를 중요하게 생각하는 태음인 체질의 엄마였기에, 아이의 질문을 긍정적으로 바라보지 못하고 문제 행동으로만 여긴 것이다.

무엇보다 체질이 다른 엄마와 아이가 동일한 상황을 어떻게 받아들이는지 그 차이점을 이해하는 것이 중요하다. 1년 넘게 심해지던 아이의 증상은 불과 한 달간의 치료로 신체 증상의 80퍼센트가 사라졌다. 체질에 맞는 한약도 도움이 되었겠지만, 그동안 억압되었던 소음 기질이 엄마를 통해서 다소나마 해소될 수 있었기에 빨리 회복된 것이다. 내 아이가 문제아가 아니라 소음 기질이 남들보다 강하고 정신 에너지가 더 충만한 것임을 엄마가 깨닫고 태도에 변화를 보여준 것이 큰 효과를 낸 것이다.

물론 그 뒤에도 아이의 학교생활 태도가 금방 달라지진 않았다. 하지만 집과 학교 양쪽에서 아이의 숨통을 조여오던 상황은 달라졌다. 집에서라도 엄마가 진심으로 아이를 이해해주었기 때문에 이전과는 확연히 달라졌다. 아이가 상황을 파악할 줄 알게 되고, 어떤 상황에서는 궁금한 것도 때로 질문하지 말아야 한다는 걸 이해하기까지는 한참의 시간이 더 필요할 것이다. 체질이란 쉽게 바뀌는 것이 아니기 때문이다.

학교 선생님도, 아이를 치료했던 정신과 의사도, 엄마도, 소음인에 대한 이해가 조금이라도 있었더라면 아이를 문제아로 몰아가며 서로 그토록 힘들어하지는 않았을 것이다. 아이를 각자 자기 편한 방식의 틀 속에 가둬놓고 병을 만들어낸 셈이다.

체질을 알아간다는 것은 근본적인 원인을 알고 이해의 폭을 넓혀가는 과정이다. 아이가 체질에 맞게 성장할 수 있도록 이끌어준다면 아이는 타고난 장점을 발휘하며 당당하고 행복한 어른으로 성장할 것이다.

아이 체질에
학습법을 맞춰라

　엄청난 사교육 시장에서 새로운 학습법이 무수히 쏟아져 나오고 있다. 하지만 아무리 좋은 학습법도 내 아이의 체질에 맞지 않으면 무용지물이다. 체질을 거스르는 학습법은 아이에게 학업 스트레스를 가중시켜 정신적·신체적 질환을 낳기도 한다. 이는 체질에 따라 사물을 인지하는 방식이 다르기 때문이다. 그래서 체질에 맞는 학습을 해야 공부도 덜 힘들고 좋은 성적을 낼 수 있다.

　학습 우울증으로 내원한 여고생이 있었다. 고1 때 자퇴한 이후로 3년째 집 안에서만 지냈다고 한다. 부모님이 이제는 그만하고 밖에 나가서 공부든 뭐든 하라고 다그치면 아이는 "머리가 아파요. 머리가 멍해서 아무 생각도 안 나요"라며 꼼짝도 하지 않았다. 더 심하게 다그치면 "죽고 싶어요. 이유는 없어요"라는 말만 반복했다고 한다. 부모는 결국 두 손 두 발 다 들고 말았다.

어려서부터 영특했던 아이는 중3 때까지만 해도 성적이 최상위권이었다. 아이의 아버지는 여느 아버지들과 달리 똑똑한 큰딸을 제대로 키워보겠다며 학습 지도를 도맡았다. 그 무렵 연구직이었던 아버지는 박사학위가 없어 승진에서 번번이 누락되는 차별을 경험한 탓에 더욱더 큰딸의 학습에 욕심을 부렸다.

아버지는 좋다고 소문난 여러 학습법을 찾아 큰딸을 직접 가르쳤다. 일례로, 영어는 문장을 통째로 암기하는 학습법을 강조했다. 아버지가 과제를 내주면 아이는 무조건 암기하고, 저녁에 아버지 앞에서 암송 테스트를 받아야 했다. 또한 아버지는 스파르타식 교육을 선호했다. 인간은 뇌의 1퍼센트도 제대로 쓰지 못한다는 내용의 학습 지도서를 근거로, 어릴 때부터 밀어붙이기 식으로 교육하면 도움이 되리라 믿었다.

아버지의 열성적인 지도 덕분에 아이의 성적은 중학교까지는 최상위권이었다. 선행학습 덕에 성적도 잘 나왔고, 겉으로는 아이도 아버지의 군대식 학습지도를 잘 따라오는 듯 보였다. 그래서 아버지는 더더욱 확신을 가지고 아이를 몰아쳤다.

하지만 아이는 그사이 수동적으로 변해 있었다. 공부할 내용과 참고서 선택도 모두 아버지 몫이었다. 반면 아이는 무서운 아버지가 내주는 버거운 과제를 감당하며 하루하루를 무사히 넘기는 것만이 목표였다. 그러다 사춘기가 되자 아이는 아버지의 교육 방식에 의문을 갖고 거부하기 시작했다. 학습 의욕을 상실했고, 갈수록 더 다그치기만 하는 아버지와 그런 아버지의 태도를 방치하는 엄마에 대한 적개심이 싹트기 시작했다.

부녀의 체질을 보니 아버지는 소음인, 딸은 태음인이었다. 아버지는 자신이 정한 원리 원칙이 그대로 적용되어야 직성이 풀리는 성정이다. 특히 내 자식이나 가족을 모두 자신과 동일시하는 소음인 특유의 심리가 강하다. 자녀의 성향이나 능력은 고려하지 않고 자신의 원칙대로 밀어붙이는 식이다.

더욱이 아이의 아버지는 자수성가한 타입이라 소음인 중에서도 자기 신념이 매우 확고해 주변과 타협하는 일이 적었다. 아이가 힘들어하고 적응하는 데 어려움을 겪는 것이 이런 아버지의 눈에 들어올 리 없었다. 소음인은 밀고 당기는 유연함이 없고, 오로지 전진하고자 하는 목표에만 사고가 맞춰져 있다.

반면 태음인인 딸은 처음에는 아버지가 무서워서 자기 의사를 표현하지 못하고 얼떨결에 순응했다. 태음인의 특성상 어릴수록 부모에게 칭찬받고 싶은 욕구 때문에 내면의 불만을 겉으로 좀처럼 드러내지 않는다. 그러나 참는 것에도 한계가 있다. 게다가 이 아이의 경우 모든 결정을 아버지가 대신했기에, 스스로 판단하고 결정하는 능력을 키우지 못했다.

태음인은 일단 받아들이고 수긍하며 꾸준히 실행하는 태음기는 강하지만, 새로운 상황에 대한 적응력이나 판단력을 좌우하는 태양기는 매우 취약하다. 아이 아버지의 학습법은 태음인인 딸이 태음기만 사용하고, 부족한 태양기를 하나씩 배워나갈 기회를 아예 박탈한 것이나 다름없다. 결국 자기주도학습이 필요한 중·고등학교 과정에서 한 번의 실패가 아이를 좌절로 이끈 것이다.

게다가 아이는 지금껏 한 번도 스스로 성취하는 공부의 즐거움을 느껴보지 못했기 때문에 다시 일어설 용기를 내지 못했다. 오히려 아버지가 당신 욕심에서 자신을 다그쳤다는 생각에 수동적인 저항을 하게 되었다. 이는 우울증으로 이어졌고, 결국 학교마저 자퇴하는 상황에 이르렀다.

태음인의 경우, 말없이 수긍한다고 해서 속마음까지 수긍한 것은 아니다. 마지못해 따라가는 경우도 많다. 만약 소음인이라면 어떤 식으로든 거부 의사를 표출했을 것이다. 소음인인 아버지 입장에서는 딸아이가 아무런 거부 의사를 표현하지 않고 따라와주었기 때문에 문제가 없다고 착각한 것이다. 그러나 태음인은 강압적으로 몰아붙이는 상황에서는 극심한 공포감을 느껴 도피하고 싶은 마음이 생긴다. 이때 도망가지도 못하게 하면 결국 그 대상에 대한 분노와 수동적 공격의 형태로 자신의 감정을 표출하게 된다.

아이가 마음의 상처를 치유하고 다시 검정고시와 대학입시를 스스로 준비하기까지 꼬박 1년의 시간이 걸렸다. 체질에 대한 이해가 있었다면, 내 자식이라도 나와 생각하는 것이 다를 수 있다는 것을 미리 알았더라면, 아이가 겪은 몸과 마음의 상처도 이를 지켜보는 부모의 안타까운 시간도 없었을 것이다.

형제자매라도
학습법은 달라야 한다

엄하게 키워야 자녀교육이 성공할 수 있다고 주장하는 '타이거 맘'. 미국의 한 명문대 교수의 체험적 주장으로 한국에서도 화제가 된 적이 있었다. 중국계 미국인인 그녀는 두 딸이 공부나 연습을 게을리하면 밥도 주지 않을 정도로 엄한 방식으로 가르쳤다고 한다. 그녀가 예일대 법대 교수인데다 그렇게 엄하게 키운 딸이 미국 명문대에 진학했기에 그녀의 주장은 설득력을 얻었다. 그러나 그녀도 인정했듯이 큰딸과 똑같은 방식으로 가르친 작은딸은 큰딸만큼 성공적이지 못했고, 여러 가지 부작용과 갈등이 생겨났다.

이는 집집마다 흔히 겪는 상황이다. 이런 갈등은 아이마다 체질이 다른 데서 비롯된다. 엄마의 화병과 아이의 폭식증으로 내원한 어느 모녀의 사례도 마찬가지였다. 엄마는 소양인, 작은딸은 태음인이었다. 엄마는 화병의 원인으로 작은딸과의 갈등을 꼽았다. 어릴 때부터 언니에 비해 유난히 뒤처지고, 고학년이 되는데도 공부할 생각을 하지 않아 매일 다그치느라 언성을 높였다고 한다. 아이는 진료실에서 죄인처럼 아무 말도 못 하고 자리만 지키고 있었다.

엄마는 소양인인 큰딸과는 눈빛만으로도 서로 무슨 생각을 하는지 알고 마음을 읽을 수 있는데 작은딸은 도대체 그 속을 알 수가 없다고 불만을 토로했다. 한마디로 모든 게 너무 느리고 답답해서 속이 터질 지경이라며, 한배에서 나온 자식들이 어떻게 이렇게 다른지 모르겠다고 했다.

엄마는 큰딸 일로 학교에 가면 늘 어깨에 힘이 들어갔다. 큰딸이 어떤 참고서를 보며 공부는 어떻게 가르쳤는지 학부모들이 너도나도 물어왔다. 반면 작은딸의 학교에 가면 창피해서 숨어버리고 싶었다. 소양인은 남들의 눈과 평판을 유난히 의식하기 때문이다.

큰딸은 줄곧 1등만 하는 반면 작은딸은 성적이 중간에도 못 미쳤다. 엄마는 둘 다 어릴 때부터 직접 가르쳤는데 이렇게 차이가 나는 걸 보면 타고난 머리가 다른 것 같다고 했다. 그러고는 "둘째 딸은 이제 포기해야 하나 싶은 생각이 들 때가 많다"라고 덧붙였다.

필자는 엄마에게 아이들을 가르치는 방식에 대해 물었다. 먼저 간략하게 개념을 설명해주고 난 뒤 일정한 시간을 주고 시간 안에 집중해서 결과물을 내놓게 하는 식이었다. 엄마와 같은 소양인인 큰딸은 당연히 엄마의 교육 방식에 금세 적응했다. 그러나 태음인인 작은딸은 이 같은 방식에서 마음만 조급해지고, 당황해서 알던 것도 제대로 답변하지 못했다.

소양인은 순간의 감정 변화에 민감하고 심리적인 순발력과 순간 집중력이 매우 빠르다. 태음인은 이와 정반대로 같은 것을 수없이 반복해서 익히다 보면 어느 순간 "아하!" 하고 이치를 터득한다. 처음에 하나를 터득하는 데는 10의 노력과 시간이 걸리지만, 그다음에는 8, 7, 6…… 이런 식으로 기간이 단축된다. 그런데 이는 처음에 10의 시간과 노력을 들일 때까지 재촉하지 않고 충분히 기다려주고 자신감을 심어줄 때 가능한 이야기다. 그렇지 않고 남들과 비교부터 하면 공황상태에 빠져버린다. 쉬운 것도 놓치고 새로운 것에 도전할 자신감을 잃어버린다.

이처럼 작은딸의 학습 부진은 가르치는 엄마와 배우는 딸의 체질이 다른 데서 비롯된 측면이 크다. 차라리 비슷한 성정을 지닌 태음인 엄마였더라면, 자신도 처음에는 느려서 겪은 어려움을 기억하며 아이를 그렇게 몰아붙이지는 않았을 것이다.

서로 다른 체질은 학습에만 영향을 주는 것이 아니다. 일상의 소소한 일들을 두고 모든 소통에서 어려움을 겪는다. 이 모녀의 경우, 자매가 싸우면 엄마는 늘 본의 아니게 언니 편을 들었다. 소양인인 언니는 누가 봐도 책잡힐 일을 하지 않았다. 상대의 약점을 더 정확히 지적해 엄마에게 공감을 얻는 재주가 있었다. 말로는 언니를 이길 수 없고 제대로 속마음을 표현해보지도 못하는 태음인 동생은 늘 고립감에 빠질 수밖에 없었다. 결국 엄마는 "그럼 말을 하지 왜 말을 안 했니?"라며 작은딸의 잘못으로 몰아갔다. 심판이 중립적이지 않은 것이다. 한국과 일본이 축구 시합을 하는데 심판이 한국인이라면 어쩔 수 없이 편파 판정을 내리게 된다. 소양인 엄마에게 태음인 딸이 받는 평가도 이와 마찬가지다.

소양인 엄마에게는 태음인 딸의 부정적 특질만 부각되어 보이는 것이다. 믿고 기다려주어야 서서히 자기 자리를 찾아가는 태음인에게 소양인 엄마는 남들에게 보일 결과물을 어서 내놓으라고 재촉한 셈이다. 게다가 엄마의 요구에 바로바로 적응하는 소양인 언니의 존재는 동생의 입지를 더욱 좁히고 자신감을 잃게 만든 것이다.

이처럼 형제자매라도 체질이 다르면 겉으로 드러나는 성격도 다르고, 이에 따라 학습법이나 의사소통 방법 등이 모두 달라져야 한다. 특히 주 양육자인 엄마와 체질이 다른 자녀라면, 소외감을 느낄 뿐만 아니라 학습 부진은 물론이고 가족 간 갈등으로 이어진다. 아이는 아이대로 상처를 입고, 어른은 어른대로 속상하다.

큰아이를 가르친 방식이 나름대로 성공적이었다고 해서, 작은아이에게도 무리하게 그대로 적용하려 하면 아이도 엄마도 어려움을 겪을 수 있다. 자녀가 어떤 체질인지, 특히 부모와 같은 체질인지 여부도 함께 고려해야 이 같은 갈등을 피할 수 있다.

내 자식은
내가 가장 잘 안다?

"나를 가장 잘 아는 것은 나 자신"이라고 말한다. 그런데 '등잔 밑이 어둡다'라는 속담처럼 나를 가장 모르는 사람이 나 자신일 수도 있다. 자신을 세상의 중심에 놓기에, 다른 사람들은 다 아는 나의 치우침을 평생 한 번도 의심해보지 못할 수도 있는 것이다.

자식 역시 마찬가지다. 내 배로 낳아 키웠으니 내 자식만큼은 내가 가장 잘 안다고 여긴다. 그런데 내 아이가 무엇에 스트레스를 받고 무엇을 싫어하고 좋아하는지 모르는 부모가 의외로 많다. 가족으로서 십수 년을 함께했음에도 만난 지 채 한 시간도 안 된 필자보다 자기 자식의 심리나 기질을 모르는 경우가 많다.

한 여중생이 만성 두통으로 내원했다. 벌써 1년 가까이 두통으로 고생하고 있었다. 진통제 복용은 물론이고 뇌 MRI 검사까지 두 차례 받았지만 아무 이상이 없었다. 상담 진료 결과, 심리적 원인에 의한 긴장성 두통이었다. 아이는 태음인, 엄마는 소음인이었다. 엄마는 소음인 중에서도 외향성이 강했다. 그래서 대인관계에 적극적이고 학부모회 등 다양한 외부 활동을 했다.

아이는 엄마와 전혀 다른 체질이었다. 태음인 중에서도 긴장도가 높아 간단한 질문에 답하는 것도 어려워했다. "지난주는 두통이 어땠니?"라고 물으면 초등학생이라도 "너무 심하게 아팠어요"라든지 "지난주엔 좀 괜찮았어요"라는 식으로 답할 수 있다. 그런데 중학생인 이 아이는 한참을 고민했다. 그러더니 "잘 모르겠는데요"라고 답했다. 긴장한 탓이다. 공부도 상위권이니 지적 능력이 떨어지는 것도 아니었다. 낯선 의사의 간단한 질문에도 순간 긴장해버려 우물쭈물하다가 엉뚱한 답이 튀어나온 것이다.

1년 전 학급 회장을 맡고 난 뒤부터 아이는 더욱 힘들어했다고 한다. 사실 엄마의 입김으로 회장이 된 거나 마찬가지였다. 엄마가 "너 진짜 회장 하기 싫어?"라며 다그치듯 대답을 요구하자, 아이는 말도 못하고 두통으로 답할 수밖에 없었다. 엄마의 일방적인 바람이 온몸으로 호소하는 아이의 긴장을 외면한 것이다. 그렇게 엄마의 우격다짐으로 회장이 된 아이는 어려움을 토로했다.

"아이들은 회장인 내 말을 잘 듣지 않고, 또 선생님은 아이들이 산만한 걸 전부 회장인 내 잘못이라며 혼내요."

이런 유형은 남들 앞에서 혼자 발표를 해야 한다는 생각만으로도 미리 가슴이 두근거린다. 안 그래도 체질적으로 긴장이 많은 아이를 부모 욕심에 억지로 회장을 시켰으니, 학교생활 자체가 긴장의 연속이었다. 상위권이던 성적은 두통 때문에 점점 떨어졌다. 떨어지는 성적에 대한 불안감으로 시험 2주 전부터는 두통이 더 심해졌다. 악순환이었다. '이번 시험도 잘 못 보면 엄마가 화내실 텐데……'라는 불안감 때문이었다.

물론 태음인도 긴장을 극복해야 한다. 하지만 극복하는 방법에도 정도의 차이가 있다. 2미터 다이빙대에서 겨우 뛰어내릴 정도의 담력을 가진 아이에게 갑자기 회장을 하라며 10미터 다이빙대로 올려보낸다면 아이는 지레 겁을 먹을 수밖에 없다. 아이가 태음인일 경우 차츰 익숙해지고 극복할 수 있게 기다려줘야 하는데 이 여중생의 엄마는 "그게 뭐 그리 어렵다고!"라며 딸이 겪는 어려움을 전혀 공감해주지 못했다. 자신이 아무렇지 않다고 체질이 다른 딸에게도 그대로 적용한 것이다. 이렇듯 형제자매, 부모 자식 간이라도 체질이 다르면 모든 게 다를 수 있다.

리더십도 키우고 높은 수행평가 점수도 받게 하려고 딸을 억지춘향으로 회장 자리에 앉혔지만 돌아온 건 두통과 떨어지는 성적이었다. 그 이면에는 '내 자식은 내가 가장 잘 안다'라는 근거 없는 확신이 자리 잡고 있었다. 딸의 성정을 있는 그대로 보기 어려웠던 것이다. 딸의 체질에 부모가 관심을 두었더라면 그런 확신이 조금은 무뎌졌을 것이다.

사상의학에 1등 교육 비법이 있다

조선 말기 의학자 이제마 선생이 창안한 사상의학四象醫學의 핵심은 '성정 분석' 또는 '정신 분석'이다. 한마디로 한방 신경정신과학이다. 그런데 원전인 『동의수세보원東醫壽世保元』이라는 책이 워낙 어렵고 난해한 용어와 개념이 많다 보니 전문가들도 외면해버렸다. 대신 곁가지인 '음식론'만 확대되어 부각됐다. 그래서 흔히 사상의학이라고 하면 체질을 넷으로 나누어 그에 맞는 음식이나 약을 가려 먹는 내용만 전해지고 있다.

사상의학은 기존에 『동의보감』에서 전하는 한의학과 많이 다르다. 즉 인간 정신은 타고날 때부터 그 차이에 따라 심리적 성향이 달라진다고 본다. 이런 성향이 한쪽으로 치우치거나 대인 갈등을 빚으면서 질병으로 이어진다는 것이 기본 골격이다.

사상의학에서 말하는 체질이란 인간의 마음자리에 따라 달라진다. 평생 변하지 않는 우월 기능과 열등 기능도 그에 따라 정해지고, 사물을 인식하는 방식 또한 크게 다르다. 마음자리가 다르면 비록 한 형제간 혹은 부모 자식 간이라도 전혀 다른 정신과 심리 구조를 갖게 된다. 이를 체계적으로 밝혀놓은 것이 동양에서는 이제마의 사상의학이고, 서양에서는 융의 분석심리학이다. 두 학문 모두 한 인간의 타고난 정신 구조를 이해하고 중용의 관점에서 보완책을 제시한다.

사상의학에서는 인간 정신세계의 편차에 따라 체질을 네 가지 유형으로 구분한다. 한 가지에 몰입해 논리적으로 빈틈없이 생각에 생각이 꼬리를 물며 파고 들어가는 '사고형', 논리적으로 이해가 안 되어도 일단 저장부터 한 뒤 조금씩 논리적인 요소를 찾아가는 '감각형', 순간순간 빠르게 이해하고 기억하지만 오래 저장하지 못하고 꾸준함이 떨어지는 '감정형', 마지막으로 전통적인 논리나 단계적인 절차를 따르기보다 즉흥적인 통찰 또는 비체계적인 방법으로 정보를 얻고 나중에 일반화로 나아가는 '직관형'이 있다.

사고형의 사람이 감각형의 사람에게 "너는 왜 그런 식으로 학습하느냐"라는 질문을 받으면 달리 대답할 말이 없다. 원래 타고난 것이 그렇기 때문이다.

자기 방식이 가장 효율적이라며 다른 유형에게 강요하면 타고난 장점마저 발휘하지 못하고 갈등과 스트레스만 유발된다. 일례로 호기심과 질문이 많은 사고형의 소음인 아이에게 "왜 그렇게 쓸

데없는 질문이 많아?" "그냥 외워라" 식으로 대하면 아이의 성취동기는 점점 약해진다. 또 순간 집중력은 뛰어나지만 단순 반복에 쉽게 지치는 감정형의 소양인에게 '똑같은 문장 100번 쓰기' 식의 과제는 고문일 뿐이다.

체질에 따라 학습과 관련된 재능도 달라진다. 학습 동기뿐 아니라 구체적인 학습 방법, 과목별로 선호하거나 어려워하는 분야도 다르다. 따라서 공부의 시간 안배와 문제 해결 요령까지도 달라져야 한다.

체질을 제대로 아는 일은 큰 틀의 이정표를 바로 세우는 것이다. 비싼 학원에 보내고 과외 선생님만 붙여준다고 학습 성취도가 올라가는 것이 아니다. 외적인 환경도 중요하지만, 무엇보다 학습자의 내적 요인이 중요하다. 내적 요인에 안 맞는 외적 환경은 한여름에 두꺼운 외투를 걸친 것이나 다름없다. 이는 학습 효율을 떨어뜨리고 심신의 스트레스만 초래한다.

흔히 주변에서 누가 "이 학원이 좋더라" "저 학습법이 좋더라" 하면 우르르 몰려간다. 그러나 효율적인 학습이란 아이의 마음자리부터 이해한 뒤에 설계되어야 한다. 그래야 부모가 뒷바라지한 만큼, 아이가 노력한 만큼 성취할 수 있다. 부모는 항상 외부가 아니라 내 아이의 타고난 마음자리부터 관심을 기울여야 한다.

Chapter 2

한의사보다 정확한
우리 아이 체질 구분법

아이의 체질은
타고난 정신 구조로 결정된다

  내 아이만의 고유한 성정을 이해하고 그에 맞는 최적의 체질학습법을 알기 위해서는 정신분석학에 관한 지혜가 필요하다. 서양의 정신분석은 프로이트의 정신분석학과 칼 융의 분석심리학으로 크게 나눌 수 있다. 동양에서는 이제마의 사상의학이 대표적이다.

  양쪽의 이론을 비교하고 용어와 개념을 상호 보정하면 난해한 사상의학 개념을 조금은 더 친숙하게 받아들일 수 있다. '엉덩이가 크면 소음인, 성격이 급하고 다혈질이면 소양인' 식의 엉터리 사상의학이 아닌, 정신분석 접근을 통한 사상의학 개념의 이해가 필요하다.

  인간의 정신세계는 무척 복잡하고 다양하지만, 그 주된 기능과 구조는 크게 네 가지로 요약할 수 있다. 분석심리학에서는 정신 기능을 '직관', '감정', '감각', '사고'의 네 가지로 분류한다.

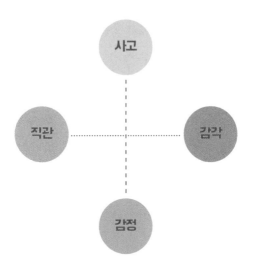

인간은 이 네 가지 가운데 하나를 우월 기능으로, 그 반대의 것을 열등 기능으로 타고난다. 즉 사고가 우월 기능이면 감정이 열등 기능이다. 반면 감정이 우월 기능인 사람은 사고가 열등 기능이다. 직관과 감각 역시 마찬가지다(인간의 타고난 정신 기능의 발달 과정에 대한 자세한 설명은 129페이지의 '자기주도학습 비결은 우월 기능에 있다'에서 다루도록 한다).

사상의학의 기본 구조도 이와 마찬가지다. 소음인은 소음기운이 본성적으로 우월한 반면, 그 반대 축에 있는 소양기운은 가장 취약한 체질이다. 반대로 소양인은 소양기운이 본성이고, 소음기운이 가장 취약하다.

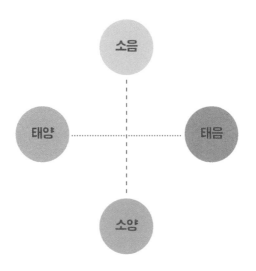

두 그림을 종합해 설명하면 다음과 같은 결론을 낼 수 있다.

사상의학에서는 이를 사단四端, 즉 인의예지仁義禮智 개념으로도
설명한다. 사단이란 유학儒學 등의 동양 학문에서 인간의 타고난
본성을 일컫는 개념이다. 이를 사상의학에서는 다음의 그림과 같
은 구조로 설명한다.

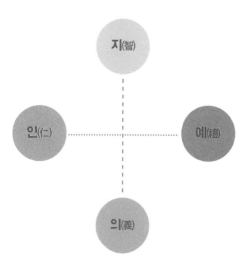

이를 모두 연관 지어 하나의 그림으로 나타내면 다음과 같다.

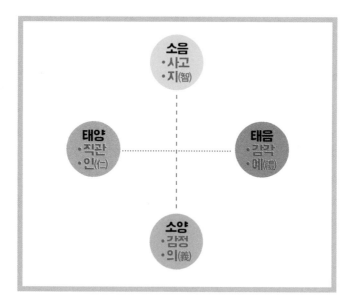

직관·감정·감각·사고가 무엇인지 알면 이에 비추어 태양·소양·태음·소음의 의미를 유추할 수 있다. 또한 인의예지 개념을 이해하면 사상의학에서 말하는 체질의 개념을 보다 정확히 이해할 수 있다.

직관 또는
태양기운이 강한 아이

'직관Intuition'이란 사물이나 현상을 무의식적이며 본능적으로 파악하는 것이다. 다시 말해 즉각적인 깨달음이다. 지진이 나기 전에 동물들이 미리 대피하는 것이 직관 기능의 한 예다. 조짐과 가능성을 앞서 알아차리는 것이다. 지레짐작으로 알아맞히는 것이 아니라 실제의 조짐을 남들보다 더 빨리 알아차리는 것이 직관이다.

그런데 '즉각적'으로 판단한다고 해서 모두 직관은 아니다. 논리적이고 이성적으로 생각해보거나 과거에 일어났던 일과 유사성을 연관 짓는 것은 아무리 순간적이고 빠른 판단이라 해도 직관이 아니다. '내 무릎이 쑤시는 걸 보니 오늘은 비가 오겠다' 식의 반응은 직관이 아니라 감각이다. 이는 과거의 반복 사례를 통해 내린 결론일 뿐이다.

직관은 옳고 그름을 따지고 설명하는 이성의 법칙을 따르지 않는다. 설명의 과정을 거치지 않고 직접 발견하고 지각하는 기능이다. 따라서 직관은 '확실성'을 띠는 것이 특징이다. 다만, 말과 글로 논리적으로 설명할 수 없는 기능이다.

또한 직관은 여러 가지 가능성을 알아차리는 기능이다. 이미 주어진 사실보다는 특정 대상이 가진 가능성을 파악하고 그것이 실현될 수 있는지를 판단하는 데 비상한 능력을 발휘한다. 다시 말해 과거보다는 미래의 일에 관여하는 기능이다.

이런 직관을 본성으로 타고난 것이 태양인이다. 그런데 실제로 태양인은 1만 명당 두세 명 정도로 찾아보기 힘든 체질이다. 직관력을 타고난 태양인은 자연의 흐름에 순응하고 관찰하는 데 현명함을 보인다. 그러나 도시 중심의 현대사회에서는 사회 적응에 많은 어려움을 겪는 것이 사실이다. 태양인은 늘 새로운 것, 폭넓은 인간관계 등을 선호하지만, 정작 익숙한 것을 갈무리하는 능력과 현실 적응력은 떨어지기 때문이다. 조직 생활에서도 참신하고 새로운 것에 대한 관심은 높지만, 함께 일하는 동료를 배려하는 등의 대인 기술이 부족해 외롭거나 어려움을 겪게 된다.

태양인 아이들도 마찬가지다. 사회성 발달은 매우 느리지만 자연을 관찰하거나 모방하는 능력은 탁월하다. 딱히 레슨을 받은 적도 없는 아이가 악기 연주를 몇 번 듣고 금방 따라 한다면 직관력이 뛰어난 태양인일 가능성이 높다.

직관 기능을 발휘할 때는 무서울 정도의 집중력을 보이는 반면,

그렇지 않을 때는 몇 날 며칠이고 잠만 자는 것도 태양인의 주된 특징이다. 아기 때도 태양인은 아주 오래, 깊이 잔다. 학생 시기에도 집중적으로 많은 것을 몰아쳐서 학습하는 반면, 그렇지 않을 때는 잠만 자는 양상을 보이기도 한다.

태양인 아이들은 학습에 대한 꾸준한 관심도, 능력도 떨어진다. 특히 한국과 같은 교육 상황에서는 가르치기도 까다롭고 잘 적응하지 못하는 것이 태양인 아이들이다. 태양인 아이들은 탁월한 재주를 알아봐줄 훌륭한 스승을 만날 수 있느냐가 교육의 관건이다.

감각 또는
태음기운이강한아이

'감각Sensation'은 직관과 대칭되거나 상극에 놓인 정신 기능이다. 사상의학에서는 태음인의 본성과 유사하다. 감각은 신체 기관을 통해 몸 안팎의 물리적·심리적 자극을 느끼거나 알아차리는 기능이다. 스치는 옷깃이 주는 부드러운 느낌, 거친 느낌, 따뜻한 느낌을 말할 때의 '느낌'이 바로 감각이다.

심리적 자극이 전달되었을 때의 느낌도 감각이다. 어떤 그림을 보고 "참 따뜻하다"라고 말할 때, 그 '따뜻함'이 바로 감각이다. 즉 그림이 내 마음에 전하는 자극에 대해 갖는 주관적인 생각이나 느낌이 감각이다.

감각은 이처럼 어떤 자극을 통해 개개인의 기억 속에 저장된 내용을 떠올리게 만든다. 이런 점에서 직관과는 정반대다. 직관은 미래의 가능성을 알아차리는 것이고, 감각은 이미 있었던 과거의 기억에서 떠올려지는 것이기 때문이다.

이렇듯 감각은 과거와 연관되어 있고, 직관은 미래의 속성이 있다. 그래서 감각을 일컬어 '아주 세밀한 오래된 사진' 같다고 설명하기도 한다. 감각 기능이 발휘되면 아주 세세한 것까지도 기억하고 묘사할 수 있다. 기억에 남을 심리적 사건이라면 10년도 더 지난 그때의 세세한 장면까지 기억해내는 것이 감각이다.

감각형의 사람은 사실성, 즉 구체적으로 지각할 수 있는 현실을 중요하게 여긴다. 사고형이 상상의 세계에서 지적 능력을 발휘한다면, 감각형은 현실을 바탕으로 한 구체적인 기억이 뒷받침되어야 한다.

감각이란 몸과 마음으로 직접 체험하고 느껴서 기억하는 기능이다. 따라서 기억된 정보가 없으면 판단력이 떨어진다. 태음인은 비슷한 체험을 반복하면서 그 속에서 논리를 발견하고, 그로써 결론이나 판단을 내리는 일이 조금씩 더 빨라지고 수월해진다. 컴퓨터에 저장된 데이터베이스가 없으면 특정 내용을 찾아보아도 검색되지 않는 것과 같다.

태음인 아이들은 경험이 없는 상황에서는 논리나 판단을 끌어내는 데 많은 어려움을 겪는다. 따라서 무엇보다 몸소 다양한 체험을 해보는 것이 중요하다. 어린아이라면 몸으로 직접 부딪치고 만져보게 하는 것이 가장 효과적인 학습법이다.

또한 다양한 상황을 안정적으로 접해보면서 새로운 것에 대한 긴장을 줄여나가게 해야 한다. 태음인은 안정적인 경험과 정보가 늘어날수록, 새로운 상황에 부딪쳐도 그 상황에 가장 부합하는 감각의 기억들을 끄집어내 응용하는 능력이 좋아진다.

소음인의 기억 저장 방식이 0 또는 1의 디지털 처리만 가능하다면, 태음인은 있는 그대로를 뭉뚱그려 모두 저장해둘 수 있다. 세세한 것까지 구체적으로 기억하고 방대한 학습량을 암기하는 재능을 보이는 것도 이런 기능 덕분이다. 논리적인 학문인 수학을 공부할 때조차 태음인 아이는 일단 다양한 연습 문제를 많이 풀어보는 것이 중요하다. 조금씩 반복해나가면서 문제들 속에서 공통된 하나의 원칙, 즉 사고 논리를 이해하게 된다.

태음인 아이들에게는 다양한 체험 학습, 몸으로 부딪히는 놀이 학습이 선행되어야 한다. 논리적으로 따지는 것은 그 뒤에 할 일이다. 논리를 먼저 따져보게 하는 학습으로 몰아칠 경우, 심리적인 상처를 남겨 학습 장애의 원인이 될 수 있다.

감정 또는
소양기운이 강한 아이

'감정Feeling'은 어떤 현상이나 사물에 대해 느끼는 기분을 말한다. 기분에는 좋고 싫음, 유쾌함과 불쾌함이 존재한다. 이런 기분은 나와 외부 대상 사이에서 일어나는데, 이는 나에게서 바깥 대상으로 향하는 정신 에너지다. 반면 사고는 바깥 대상에서 자신의 생각으로 몰입해 들어가는 에너지다.

우월한 감정 기능 혹은 적절한 감정이란, 일반적인 상황에 맞는 감정 조절이 이루어지는 것을 뜻한다. 반대로 열등한 감정이란, 일례로 남들은 전부 밝은 분위기에서 회식을 즐기는데 혼자서 분위기 처지는 노래를 부르는 상태의 기분을 말한다. 이는 보편적인 감정을 상하게 하는 것이다. 감정은 나 혼자만의 생각이나 사고와 달리 객관적인 가치를 중요하게 여기는 경향이 있다. 즉 남들이 어떻게 보는가가 중요하다.

감정을 우월 기능으로 타고난 소양인 아이들의 학습은 '변화'와 '다양성'을 충족해주는 것이 중요하다. 컴퓨터에 비유하자면, 눈으로 보고 확인하는 모니터에 해당한다. 소양인에게는 새로운 자극이 끊임없이 필요하다. 지루하고 반복된 자극에서는 학습 동기를 찾지 못한다. 시청각 교재를 적절히 활용하는 학습이 필요한 것도 그 때문이다.

순간 이해력과 센스가 가장 빠른 만큼 초등 학습에서는 소양인 아이가 공부에 흥미를 잃지 않게 하는 것이 가장 중요하다. 소양인은 '머리가 아닌 눈으로 이해한다'라고 할 만큼 순간 이해력은 뛰어나지만, 소음인의 깊이 있는 논리 추론에서는 가장 열등하다. 또한 지구력이 요구되는 암기에서도 열등함을 보인다. 따라서 소양인의 초등 교육에서는 타고난 우월 기능을 최대한 살려주는 것이 중요하다. 열등 기능을 두드러지게 해 학습에 대한 흥미를 잃게 해서는 안 된다.

소양인 아이에게는 어려운 개념을 논리적으로 이해하거나 지식을 암기하게 하기보다는 눈으로 확인할 수 있는 실험이나 현상을 보여주는 것이 먼저다. 개념을 이해시킬 때도 추상적인 것보다는 숫자나 통계, 도표 등을 통해 접근하는 것이 효과적이다. 또한 소양인은 글씨만 빼곡한 책을 읽는 데 많은 피로감을 느끼고 에너지를 소모한다. 어른이 된 뒤에도 이런 성향은 좀처럼 바뀌지 않는다.

소양인 아이에게 글씨가 많은 책부터 읽기를 강요하면 자칫 책에 대한 흥미 자체를 잃을 수도 있다. 글씨만 가득한 책보다 그림이나 도표가 곁들여진 책은 어느 정도 따라갈 수 있다. 긴 시간 동안의 지루한 반복 학습은 소양인 아이에게 가장 큰 스트레스다. 소음인은 혼자서도 독서를 즐기지만, 소양인은 여러 사람과의 '관계' 속에 있을 때 보다 효과적으로 능력을 발휘한다.

소양인 아이의 타고난 양陽의 기운을 살리게 하는 데는 운동을 통한 극기 훈련도 효과적이다. 키와 상관없이 소양인은 또래에 비해 운동신경이 좋기 때문에 다양한 운동으로 양의 기운이 억압되지 않게 해야 한다. 어른이 되어서도 좁은 공간에서 단순 반복하는 일에는 극심한 스트레스를 받는다. 따라서 가급적 넓고 트인 공간에서 양의 기운이 제한받지 않게 하는 것이 좋다. 그런 면에서 소양인 아이에게는 초등학교까지 집 안에서 학습하는 것보다 몸으로 함께 놀아주고 체험하게 해주는 부모가 가장 좋은 부모이자 효과적인 교육 환경이라고 할 수 있다.

소양인 아이의 지구력을 길러주기 위해서는 약속을 미리 정하는 것도 좋은 방법이다. 단순한 구두 약속보다는 학습 목표나 생활 약속을 구체화해서 시간과 상벌을 기록으로 남기는 것이 좋다. 소양인은 문서나 기록, 숫자 등에 예민하게 반응한다. 어려서부터 꾸준함을 너무 획일적으로 강조하면 소양인은 아예 공부에 거부감을 갖게 된다. 아이가 수용할 수 있는 다양한 변화로 지구력을 키워나가게 해주는 것이 좋다.

사고 또는
소음기운이강한아이

　'사고Thinking'는 주어진 내용을 일정한 법칙에 따라 서로 연관시키는 정신 기능이다. 또한 옳고 그름에 대한 판단을 추가해가는 과정이다. 결론이 날 때까지 추론과 궁리를 거듭하는 면에서 컴퓨터 논리 연산 회로와도 같다. 단순히 저절로 떠오르는 연상이나 강박적인 생각 등은 엄밀히 말해 사고가 아니다. 어떤 현상이 주어지면 있는 그대로를 상세히 받아들이기보다 '옳은가/그른가' '맞나/틀리나'를 분명히 결정하고 넘어가는 것이 사고다. 또한 '왜?'라는 끊임없는 질문을 통해 결론을 내리려는 정신 에너지다.

　사고는 나를 중심으로 내면 깊숙이 파고드는 기능이다. 다른 사람이 어떻게 보고 느끼는가 하는 것은 아무 상관이 없다. 내가 어떻게 생각하느냐가 중요하다. 사고 기능의 정신 에너지는 안으로 향하고, 감정 기능의 정신 에너지는 타인과 객관성을 의식해 외부로 향한다.

소음인 아이의 가장 큰 특징 중 하나는 사고에서 나오는 끊임없는 '질문'이다. 스스로 수긍하지 못하는 것이 있으면 샘솟는 질문 때문에 다음 단계로 넘어가지 못한다. 이때 질문과 의문을 적절히 풀어주는 것이 소음인 체질학습의 핵심이다. 그런데 많은 부모들이 바쁜 일상에 쫓기고 지치다 보니 "그런 쓸데없는 건 몰라도 돼" "나중에 크면 알게 돼" "그냥 어른이 시키는 대로만 해" "그냥 외워" 등으로 잘라버리기 일쑤다. 심지어 화를 내면서 윽박지르기도 한다. 이런 일이 반복되면 소음인 아이는 점점 소극적이고 내향적으로 변해간다.

소음인 아이의 타고난 본성이 억눌렸을 때 나타나는 가장 큰 변화는 질문이 적어지는 것이다. 그에 따라 우월 기능인 사고 기능의 정신 에너지도 크게 줄어든다. 당연히 학습 능력도, 성취동기도 떨어질 수밖에 없다. 호기심도 줄어들고, 호기심을 가졌다가도 더 확장시키지 못한다. 그러다 결국 정신의 성장 동력도 멈추게 된다.

질문은 소음인 아이의 학습 능력을 타오르게 하는 불씨다. 질문 내용은 그다지 중요하지 않다. 어른 시각에서는 당장 국·영·수 학습과는 관련이 없어 보여 쓸모없다고 여겨질 수도 있다. 그렇다고 해서 질문을 잘라버리면 아이들의 호기심과 사고력은 거세된다.

소음인 아이의 질문에 답할 때는 아이의 질문이 몇 번이고 되돌아오게 만드는 것이 중요하다. 답변 내용이 조금 틀려도 상관없다.

최대한 성의 있게 아이 눈높이에 맞춰 설명해줘야 한다. 그러면 아이는 신이 나서 다음 단계의 질문을 또 물어온다. 이런 과정이 반복되는 것이 좋다. 마치 테니스나 탁구, 배드민턴을 처음 배울 때와 똑같다. 이렇게 질문 랠리가 이어지다 보면 나중에는 보다 정제된 질문이 나오게 된다.

그러다 아이가 질문을 멈추는 때가 있다. 이때는 어른이 질문을 해야 할 차례다. 그러면 아이는 다시 고민하게 되고 나름대로 답변을 내놓기도 한다. 이것이 소음인 아이의 사고 기능을 확장시키는 체질학습법이다.

질문 학습법은 굳이 책을 통해서 해야 하는 것은 아니다. 마트에서 장을 보거나 산책을 할 때도 가능하다. 내용이 올바르게 전달되면 좋겠지만, 그보다 더 중요한 것은 끊임없는 궁금증과 호기심의 불씨를 키워나가는 일이다. 그래서 질문하는 것이 칭찬받을 일이라는 인식을 심어주는 것이 좋다.

공상이나 상상도 중요하다. 위인전이나 고전 명작도 좋지만, 소음인은 상상의 세계를 확장해나가는 것도 필요하다. 예컨대 부모와 아이가 함께 누워서 상상의 이야기를 지어내 서로에게 창작동화처럼 들려주는 것도 좋다. '거짓말을 잘하는 아이들이 머리가 좋다'라는 말이 있듯이, 상상력이나 사고력이 동반되지 않으면 거짓말도 못한다. 소음인의 체질학습법은 바로 끊임없이 묻고 대답하는 것이다. 이는 그 어떤 학습지나 과외보다도 효과적인 방법이다.

Chapter 3

좋은 체질,
나쁜 체질은 없다

누구에게나
우월 기능이 있다

우월/열등 기능이란 말 그대로 타고난 정신의 우월하거나 열등한 기능을 뜻한다. 정신 기능의 장단점으로 이해해도 무방하다. 예를 들어 왼손잡이로 태어난 사람은 왼손이 우월 기능이고 오른손이 열등 기능이다. 갑자기 야구공이 자기 얼굴 쪽으로 확 날아와서 본능적으로 막아야 할 때, 왼손잡이는 자신도 모르게 오른손보다는 왼손으로 막게 된다. 오른손보다 왼손의 순발력이나 민첩성이 더 뛰어나니 다급한 상황에서는 우월 기능인 왼손을 최대한 활용하게 되는 것이다.

우월 기능이란 이처럼 다급한 상황에서 열등 기능보다 훨씬 유연하게 상황에 대처할 수 있는 기능을 말한다. 타고난 장점이기에,

우월 기능을 발휘할 때는 크게 의식적으로 노력하지 않아도 된다. 예를 들어 오른손잡이가 오른손으로 볼펜을 돌릴 경우, 껌을 씹으며 음악을 듣고 동시에 책을 읽으면서도 볼펜을 떨어뜨리지 않고 잘 돌릴 수 있다.

그런데 만약 오른손잡이에게 왼손으로 돌려보라고 하면 어떨까. 집중력을 발휘해야 한다. 하던 일은 일단 접어두고, 어색하고 뻣뻣한 느낌의 왼손을 어떻게든 움직여보려고 한껏 애를 써야 한다. 물론 반복적으로 노력하고 연습하면 오른손에 버금갈 만큼 돌릴 수는 있다. 그러나 오른손보다 훨씬 많이 연습해야 겨우 비슷해진다. 또 오른손으로 돌렸을 때와 달리 피로감이 훨씬 심하다. 그만큼 의식적으로 노력해야 작동하는 기능이기 때문이다.

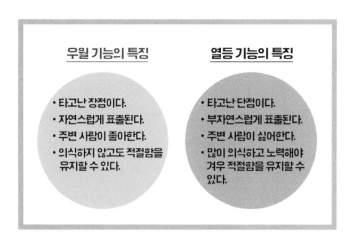

이처럼 우월 기능은 언제 어디서나 의식적으로 노력하지 않고도 자연스럽게 발휘되는 반면, 열등 기능은 의식적으로 많이 노력

하지 않으면 제대로 발휘되기 어렵다.

또 다른 예로 정교한 수술을 해야 하는 외과의사를 들어보자. 그가 오른손잡이라면 오른손을 주로 쓰게 된다. 왼손을 쓸 수 없는 것은 아니지만 이래저래 불편하다. 오른손만큼 원활히 움직이지 않기 때문이다. 간단한 수술의 경우에는 왼손은 거의 쓰지 않고 오른손으로 충분히 중요한 과정을 처리할 수 있다. 하지만 고난도의 수술이라면 아무리 오른손이 우월 기능이라고 해도 오른손만 쓸 수는 없다. 정말 실력 있는 외과의사가 되려면 오른손과 왼손을 함께 잘 활용할 수 있어야 한다. 오른손잡이라고 해서 자꾸 오른손만 쓰다 보면, 양손의 협동 작업을 요하는 고난도의 수술은 제대로 해낼 수 없게 된다.

이것이 바로 우월 기능과 열등 기능의 상호 관계다. 이 경우 열등한 왼손의 움직임을 더 원활하게 만들려면 어떻게 해야 할까. 오른손의 기회를 왼손에게도 나누어주는 것이다. 처음에는 서툴기만 한 왼손이 오른손만큼 잘해낼 리 없다. 우월 기능은 호시탐탐 끼어들 기회를 노리며 '거봐! 비켜, 넌 잘 못하잖아. 내가 할게!'라며 열등 기능에게 주어진 기회를 확 빼앗아버리기 쉽다.

우월 기능이 열등 기능에게 배움의 기회를 양보해야 하는데, 이럴 때 인간은 매우 불안하고 초조해진다. 오른손으로 하면 금방 잘 해낼 일을 굳이 왼손으로 떠듬거리고 있으려니 당연한 반응이 나오는 것이다. 이때 우월 기능인 오른손이 열등한 왼손을 구석으로 몰아버리고 다시 전면에 나선다면, 양손의 고른 능력을 키울 가능성은 점점 떨어진다.

체질에 따른 학습법이나 네 가지 정신 기능의 원만한 조화를 통해 온전한 인격을 형성하기 위해서는 이 두 가지 기능이 병행되어야 한다. 오른손잡이라면 오른손은 오른손대로 발전시키되, 열등한 왼손도 함께 발전시키고 보완해야 능력이 더욱 발전한다. 이것을 '열등 기능의 분화'라고 말한다.

학창 시절의 학습은 스스로 타고난 우월 기능만으로도 잘 이끌어갈 수 있지만, 사회 활동이나 보다 고차원적이고 창의적인 학습 과정에서는 열등 기능의 보완 없이는 뒤처지기 쉽다. 열등 기능을 분화할 기회를 놓치고 열등한 채로 내버려두면 그대로 인격의 일부가 되어 성격이나 기질로 굳어진다. 열등 기능의 분화는 체질학습뿐만 아니라 자기실현을 위해서도 무엇보다 중요한 과제다.

아이의 우월 기능이 체질을 결정한다

진료실에서 의사가 환자에게 물었다.

"어디가 어떻게 불편하세요?"

환자가 대답했다.

"며칠 전에 무거운 물건을 들다가 허리를 삐끗하긴 했는데, 큰아들 낳고 산후조리를 못해서 허리 아래쪽이 시큰시큰하곤 하더니요 며칠 전부터 다시 그때처럼 시큰시큰한 느낌이 드네요."

이 환자의 체질은 무엇일까? 답은 태음인이다. 순간 감각 기능이 먼저 튀어나온 것이다. 진료실에서 의사가 불쑥 던지는 질문은 한순간 얼굴 쪽으로 날아오는 야구공과 같다. 이런 상황에서는 본능적으로 우월 기능이 먼저 발현된다. 며칠 전 허리를 삐끗한 것을 설명하면서 몇십 년 전 과거의 일, 그때 겪었던 느낌을 결부해 설명하는 것이다. 이것이 감각이고, 태음이며, 예禮라고 할 수 있다.

누구나 다 이런 식으로 표현할까? 그렇지 않다. 똑같은 질문에도 "내 생각에는 최근 야근이 잦아 오래 앉아 있었더니 허리 디스크가 생긴 것 같다"라고 대답하는 환자도 있다. 그렇다면 이렇게 대답하는 사람은 무슨 체질일까? 소음인이다. 사고 기능이 먼저 발휘된 것이다. 소음인이라면 가장 먼저 사고 기능, 즉 논리적으로 '왜?'라는 질문을 자동적으로 던진다. 자신이 아프다는 현상에 직면해 '왜 아픈 걸까?'라는 질문을 던진 뒤 '잦은 야근과 자세의 문제'라는 결론의 답을 내린 것이다. 이처럼 같은 질문에도 어떤 체질이냐에 따라 대답은 다르다.

또는 비슷한 질문에 벌떡 자리에서 일어나 의사가 잘 보이도록 허리를 숙이면서 "여기 이 부위가 가장 시큰시큰해요"라고 답한 뒤 "왜 그런 거죠?"라고 되묻는 환자도 있다. 소양인이다. 이들은 감정의 객관성을 추구한다. 그래서 남들에게 보이는 측면을 중요하게 여기기에 자신이 아픈 부위를 애써 보여주려는 감정 기능이 먼저 발동한다. 또 자기 생각이나 결론을 먼저 타인에게 전하려는 소음인과 반대로, 소양인은 남들의 생각이나 판단을 먼저 들어보려는 태도를 보인다.

성형수술로 얼굴이 바뀌어도, 운동으로 몸매가 달라져도, 한번 타고난 인간의 우월 기능은 평생 변하지 않는다. 물론 환경에 적응하느라 조금씩 다른 모습을 보일 수는 있다. 그래도 본질적인 우월 기능은 달라지지 않는다. 얼핏 드러나는 성격이 아니라, 언제고 드러나는 이면의 우월 기능과 열등 기능을 발견하면 가장 객관적인 체질 구분이 가능해진다.

사람은 누구나 직관, 감정, 감각, 사고 가운데 한 가지를 우월 기능으로 타고난다. 동시에 그와 상극인 기능을 열등 기능으로 타고난다. 그리고 체질을 결정하는 것은 우월 기능이다.

예를 들어 태양인의 우월 기능은 직관이다. 그리고 남은 세 가지 가운데 직관과 상극을 이루는 것은 감각이다. 따라서 태양인의 열등 기능은 감각이다. 태음인은 감각이 우월 기능, 직관이 열등 기능이 된다. 그렇다면 나머지 두 기능은 아예 없는 것일까? 그렇지 않다. 순서를 정한다면 인간의 정신 구조는 '우월 기능-제2기능-제3기능-열등 기능' 순으로 배열된다. 즉 태양인은 '직관-감정-사고-감각'의 순서로 우열이 정해진 체질이다.

시중에 나온 책에 사상의학의 체질별 성격을 도식화해놓은 내용은 모두 이 같은 공식에서 자주 드러나는 특징을 언급한 것뿐이다. 일종의 '연습문제' 격인 단순한 정보 자체에 얽매이기보다 기본 원리를 충실히 이해하면 아이 체질을 살필 때 오류를 범할 확률이 적어진다.

직관을 타고난 태양인은 예지인

태양인의 우월한 직관 기능

사상의학에서는 직관을 '천시天時'라고 표현한다. 태양인은 자연의 흐름을 파악하는 탁월한 직관력을 가지고 있다. 눈으로 보거나 배우지 않아도 상대방의 선악을 판단할 줄 알고 길흉의 때를 잘 파악한다. 판단 또한 빠르고 확고하다. 사업이나 상품을 볼 때도 항상 '장래성이 있는가' '무엇이 유행할 것인가' 등 '미래'에 일어날 일과 가능성부터 내다본다. 한마디로 현실에 충실한 행정가 유형이 아니라 미래를 만들어가는 창의적인 인재 유형이라 할 수 있다.

대인관계에서도 상대방이 진심인지, 나를 이용하려는 것은 아닌지 직관적으로 파악한다. 사사로운 이익을 추구하는 사람을 싫어하고, 무엇보다 거짓에 대한 거부감이 강하다. 많은 경험과 우여곡절을 겪은 뒤에 이런 직관력이 점차 형성된 유형은 태양인으로 볼 수 없다. 태양인은 1만 명 가운데 2~3명 정도로 적다.

태양인의 열등한 감각 기능

태양인의 경우 새로운 가능성은 본능적으로 포착하지만, 이런 깨달음을 제때에 정리하거나 저장하지는 못한다. 아이디어나 모티프는 잘 찾아내지만 이를 구체화하고 실천에 옮기는 능력은 떨어진다. 전체는 잘 파악하는 반면 구체적인 세밀함이 부족하고 논리도 없는 셈이다. 그래서 언뜻 허무맹랑한 소리를 하는 사기꾼처럼 비치기도 한다. 이는 우월한 직관 기능만 써서 열등한 감각 기능이 보완되지 못해 나타나는 단점이다.

직관으로 미래의 새로운 가능성을 찾아 나서지만, 과거의 반복된 기억을 다시 끄집어내는 감각 기능이 열등하다 보니 한곳에 오래 머무르며 자신이 발견한 가능성을 차분히 키워가는 능력은 떨어진다. 다른 가능성이 보이면 앞서 찾아낸 가능성을 키우는 일은 마무리 짓지 못하고 금세 새로운 곳으로 가버린다. 직관 기능 덕분에 씨는 잘 뿌리지만, 결실을 거둬들이는 일은 다른 사람이 맡게 되는 것이다.

인간관계에서도 사람을 잘 사귀지만 잔정이나 꼼꼼히 챙겨주는 면이 부족하다. 아는 사람을 더 챙겨주고 배려해주는 것은 함께했던 '과거'를 기억하는 감각 기능의 특징이다. 태양인의 마음은 항상 미래의 가능성에만 가 있다 보니 과거의 일은 쉽게 잊어버린다.

상대에게 도움을 받았으니 이번에는 내가 도와주거나 더 챙겨주는 식의 마인드가 없다. 이런 특성 때문에 태양인은 사회관계에서 독특한 캐릭터로 간주되거나 가까운 사람의 원망을 듣기 십상이다.

태양인은 주변 사람들과 정을 쌓고 갈등 없이 지내는 일상에 별로 관심이 없다. 기억했다가 잘 챙겨주는 감각 기능이 가장 열등하기 때문이다. 주변 사람들뿐만 아니라 자기 자신에 대해서도 무감각한 경우가 많다. 무언가 강박적인 직관에 사로잡히면 몇 날 며칠 밤을 새워도 피곤한 줄도, 배고픈 줄도 모른다. 반대로 직관이 자극받을 일이 없으면 며칠씩 잠만 자기도 한다.

태양인의 체질을 가졌다면, 내 뜻이 아무리 확고하고 공익을 위한 것이라도 많은 사람들이 내 뜻을 수긍해줄 때까지 기다릴 줄 알아야 한다. 이럴 때 태양인은 혼자서만 서두르기 쉽다. 급기야 구체적인 설명을 못 하면서도 내 뜻이 옳다고 강요만 하거나, 내 뜻을 몰라준다고 주변 사람들을 비난하기도 한다. 그럴수록 자신의 몸과 마음만 피폐해진다.

감각을 타고난 태음인은
배려의 아이콘

태음인의 우월한 감각 기능

사상의학에서는 감각을 '인륜人倫'이라고 표현한다. 태음인은 감각 기능이 뛰어나 과거에 일어난 상황을 있는 그대로 세세하게 기억할 수 있다. 이런 상황에서는 이렇게, 저런 상황에서는 저렇게 하더라는 과거의 경험을 잘 기억한다. 그래서 인간의 기본 도리인 인륜이나 예의를 추구한다. 감각은 인의예지 중에서 '예'의 속성과 닮았다.

새로운 상황에 놓이면 과거의 경험과 최대한 연관 짓는 것이 감각 기능이다. 그렇다 보니 태음인은 경험치가 적은 시기에는 무엇에든 반응이 느리다. 대신 작은 경험만 가지고 함부로 단정 짓지 않고 신중한 태도를 취한다. 충분히 알아본 뒤에 언행으로 드러내기 때문에 신중하고 어른스럽다는 인상을 준다. 그리고 비슷한 상황이 반복될수록 반응 속도가 빨라진다. 태음인의 이런 기질은 '대기만성' 또는 '뒷심'이라는 표현과 상통한다. 미래 가능성에 대한 본능적 판단인 직관과는 정반대로, 감각은 과거에 축적된 것이 많을수록 더 풍부해진다.

배려 또한 감각 기능의 특징이다. 배려란 상대가 무엇을 좋아하고 싫어하는지를 잘 기억해야 행할 수 있는 덕목이다. 태음인은 이미 일어난 일을 차곡차곡 기억했다가 비슷한 상황이 발생했을 때 과거의 기억에서 찾아내 대입하는 재주가 뛰어나다. 그래서 주위 사람을 잘 챙기고 배려가 몸에 배어 있다.

포용력도 태음인의 특징 가운데 하나다. 내 생각이나 신념과 달라도 다양한 분야와 사람을 아우르는 기질이 있다. 남에게 상처 주는 말을 되도록 피하고, 서로 의견이 달라도 자기 뜻을 관철하려고 기를 쓰기보다 마찰 없이 넘어가고 상대를 포용하려 한다.

또한 태음인은 자기표현을 잘 못하고 긴장하는 모습을 보이지만, 속정이 깊어 오래 알고 지낼수록 신뢰를 받는 경우가 많다. 조직이나 집단에서 남들이 알아주지 않는 궂은일도 묵묵히 잘해낸다. 처음부터 튀어서 자신이 주도하려는 욕심을 내는 경우가 드물다. 조용히 묻어가는 역할도 큰 불만 없이 떠맡는다. 이는 모두 일단 받아들이고 보는 감각 기능이 우월하기 때문이다. 인구 2명 가운데 1명꼴로 가장 많은 체질이다.

태음인의 열등한 직관 기능

직관 기능은 빠른 판단을 전제로 한다. 직관 기능이 열등한 태음인은 빠른 판단력을 요구하는 상황에서 대처 능력이 현저히 떨어진다. 새롭고 낯선 상황에 직면했을 때 어리둥절한 모습을 보이기 일쑤다. 경험치가 있어야 감각 기능으로 이를 극복할 수 있는데, 경험치가 없는 상황에서는 직관 기능이 떨어져 큰 어려움을 겪는다. 그래서 우유부단하다는 소리를 자주 듣는다. 물건 하나를 살 때도 쉽게 결정하지 못하고 계속 미루기도 한다. 평소에 너무 잘 아는 것도, 갑자기 질문을 받으면 긴장해서 머릿속이 하얘지고 아무것도 떠오르지 않는다.

그렇다면 항상 긴장하고 점잖고 신중해 보이는 태음인만 있을까? 그렇지 않다. 전혀 긴장하지 않고 오히려 매우 외향적으로 처음 보는 사람에게도 스스럼없이 대하는 태음인도 많다. 사상의학에서는 이를 치심恀心이라고 하는데, 시쳇말로 '센 척'하는 것뿐이다. 겁 많은 태음인이 오히려 겁이 없는 척 허세를 부리며 과장하는 것이다. 겉보기에는 태음인인가 싶을 정도로 달라 보여도 모두 직관 기능이 떨어져서 나타나는 특징이다. 자신은 다른 사람을 배려해주는데 남들은 나를 배려해주지 않을까 봐 미리 조바심을 내는 것이다. 그 사이를 기다리지 못하고 꾸며서라도 보여주고 싶은 심리다.

그럴수록 마음은 더욱 조급하고 불안해져 이를 보상받기 위해 겉을 과장되게 꾸민다. 울긋불긋한 색상의 옷을 입기도 하고 치렁치렁한 목걸이나 엄지손가락만 한 알이 박힌 반지나 굵은 팔찌를

하기도 한다. 눈썹 문신을 하거나 새빨간 외투 등으로 센 척하려는 마음을 드러내기도 한다. 이런 심리는 외모뿐 아니라 건들거리는 모습이나 시비조의 태도에서도 관찰된다.

이처럼 겉만 보면 진중한 태음인과 허세 부리는 태음인이 전혀 다른 체질인 것처럼 보일 수 있다. 그래서 주변 사람들은 "체질을 잘 모르겠다"라거나 심지어 "엉터리 같다"라는 불만을 표출하기도 한다. 그러나 체질은 표면적인 성격이 아니라 이면의 기질적인 특성에 따라 결정되는 것이다.

태음인의 부족한 직관 기능은 감각 기능으로 보완해야 한다. 처음에는 잘 몰라서 제대로 판단하지 못하던 것들도 무수히 반복해 체험하다 보면 그에 대한 판단이 점점 빨라진다. TV 프로그램 〈생활의 달인〉에 나오는 달인들을 살펴보면 단연 태음인이 많다. 정확한 판단과 빠른 손놀림은 직관이 아니라 수없이 반복된 경험의 누적, 즉 감각에서 나오는 재주. 이렇게 경험이 쌓이고 난 뒤에 터득한 직관은 적절한 판단으로 이어진다.

그런데 태음인은 경험이 충분하지 않은 상황에서 조급한 마음이 들면 자칫 교만해지기 쉽다. 모르는 것도 아는 척, 경험해보지 않은 것도 경험해본 척하는 교심驕心이 생긴다. 더불어 '내가 당신보다 윗사람이니 내 말대로 따라라' 하는 교만심도 강해진다. 스스로 잘 모른다 싶을 때는 신중한 태도를 보이다가 어느 정도 자리를 잡았다고 여겨지면 교만해진다. 초심을 잃고 남들을 내 마음대로 부리고 싶어한다. 태음인이 겪는 주변 사람들과의 갈등은 대부분 이러한 교심에서 비롯된다.

태음인은 자신과 과거를 공유한 사람에게는 '굳이 말하지 않아도 알겠거니' '내 마음 다 알아주겠거니' 하며 속내를 잘 표현하지 않는다. 그리고 좋고 싫음을 속으로만 삭였다가 뒤늦게 서운해하기도 한다. 하지만 주변 사람들로서는 태음인의 표현하지 않는 속내를 알 길이 없으니 공감할 수가 없다. 가까운 사람일수록 구체적인 마음을 표현하는 방법을 배워야 한다.

또한 태음인은 오랜 지인에 대한 신뢰가 강하고 잘 챙겨주는 반면, 새로 알게 된 사람은 내심 경계하고 낯을 많이 가린다. 일에 대한 태도도 마찬가지여서 새로운 일이 생겼을 때는 판단을 계속 미루고 쉽게 도전하지 못한다. 그렇기 때문에 편한 사람만 만나려 하고 익숙한 일만 하며 혼자 안주하려 든다. 그럴수록 태음인의 열등 기능인 직관력은 더욱 취약해질 수밖에 없다. 따라서 자신의 역량 안에서 차근차근 노력하며 낯설고 새로운 것에 대한 두려움을 떨치기 위해 노력해야 한다.

감정을 타고난 소양인은 높은 사회지능의 인기인

소양인의 우월한 감정 기능

소양인은 감정 기능이 우월해 상대방의 생각이나 기분을 재빨리 파악한다. 또한 여러 사람을 한마음으로 공감하게 하는 능력이 탁월하다. 사상의학에서는 이를 '세회世會'라고 표현한다. 감정이란 혼자만 느끼는 것이 아니라 여러 사람과의 공감이 관건이다. 소양인은 자기 생각이나 결론보다는 남들의 생각이 어떤가에 더 많이 신경 쓰고, 이를 적절히 조화하는 능력이 뛰어나다. 소위 SQ(사회지능)가 높은 사람들 가운데 소양인이 많다.

체질과 관계없이 누구나 전체적인 분위기나 상대의 감정을 느낀다. 하지만 순간순간 변화하는 미세한 부분까지 적절히 파악하는 것은 소양인을 따라가기가 힘들다. 소양인은 여럿이 모인 자리에서 한순간 분위기가 어색해졌을 때 다소 망가지는 걸 자청해서라도 분위기를 밝게 만드는 재주가 탁월하다.

소양인은 주변 사람들에게 인정받는 것을 좋아하며, 특별한 이유 없이도 항상 다른 사람들의 시선에 주의를 기울인다. 함께 있는 사람의 기분에 공감해주고 사람들을 두루두루 좋게 대해서 "공평하다"라는 소리를 듣고 싶어한다. 그리고 자신이 불공평한 대접을 받는다고 생각하면 바로 표현해 해결하려 한다. 어느 순간 몰입했다가도 물러서야 할 때가 되면 이를 잘 알고 물러선다. 이런 태도 덕에 남들에게 원망을 듣거나 문책을 당하는 일이 네 가지 체질 유형 가운데 가장 적다.

전체적인 분위기에 거슬리는 것을 순간순간 잘 짚어내고 분위기를 거스르는 언행을 좀처럼 하지 않는 것도 감정 기능이 우월하기 때문이다. 소양인은 기분의 순간적인 변화까지 얼굴 표정으로 드러내는 감정이 풍부한 기질이다. 순간적인 집중력이나 판단력이 좋고, 낯선 것도 겁내지 않고 뭐든 잘 따라 하고 잘 배운다. 상대방 이야기의 핵심이나 내면의 심리까지 잘 파악해서 적절히 처신하는 능력이 탁월하다. 순발력이 좋은 만큼 누구보다 승부욕이 강하다.

감정은 순간의 기분이다. 감정 기능은 오래도록 기억되고 남는 것이 아니라 순간 생겨났다가 순간 사라진다. 그렇기 때문에 소양인들은 지구력이 약하고 꾸준한 성실함이 떨어진다. 변화가 많고 다양한 것을 즐기며, 지루한 것을 피하고 재미난 것을 추구해야 감정 기능의 욕구가 충족된다. 전체 인구의 30퍼센트 정도를 차지한다.

소양인의 열등한 사고 기능

감정은 외부로 향하는 정신 에너지인 반면 사고는 자신의 내부로 향한다. 이는 서로 상반되는 기운이다. 그래서 감정 기능이 발달하면 가장 싫어하고 또 잘 못하는 것이 사고, 즉 '생각하는 것'이다.

소양인은 철학적인 사고를 질색한다. 기분이 가라앉을 만한 깊이 있는 사고는 극도로 피하려 한다. 삶과 죽음에 관한 토론이나 개념을 파고드는 복잡한 질문에 집중하기 위해서는 엄청난 노력이 요구되기 때문이다. 그래서 철학 책이나 글씨만 빽빽한 책은 소양인에게 수면제와 다를 바 없다. 지루한 강의나 긴 회의도 소양인에게는 고역이다.

당장의 감정 욕구를 충족해줄 재미와 즐거움, 유쾌함을 추구하는 것이 소양인의 인생 최대 목표다. 안으로 치밀하게 파고드는 사고는 회피하고, 밖으로 사람들과 어울리며 즐기는 감정 기능을 중요시한다. 이런 성향이 지나치면 언뜻 가볍고 경박한 인상을 준다.

소양인은 혼자 궁리하고 몰입해 인과 관계를 따져보는 사고 기능이 취약하다. 한 가지 문제에 봉착하면 문제의 본질을 찾아서 곰곰이 따져보고 추론하기보다는 주변 상황이나 여건을 먼저 고려한다. 또 본질적이기보다는 쉬운 해결책을 찾는다. 적당히 상대의 기분을 맞추거나 자신의 감정을 과장해서 연민 작전으로 위기를 넘긴다. 주위 사람들도 그런 작전에 잘 넘어간다.

소양인은 '숫자'와 '책임 소재'에 민감하다. 어떤 문제에 봉착하면 소음인은 근본 원리나 인과 관계에 몰입하는 반면, 소양인은 머리를 쓰는 게 피곤해서 객관적인 수치나 통계 등 남들의 평가나 객관적인 시선에 비중을 둔다. 그리고 자신의 책임 여부를 가려서 복잡한 사고를 회피하려고 한다. 남들이 다 틀렸다고 해도 자신의 사고 결과물을 중요히 여기는 소음인과 달리, 소양인은 혼자서 고민하는 것 자체를 싫어한다. 그래서 자신보다는 상대방이나 주변 사람들의 생각을 더 중요하게 생각한다. 분위기를 따라가는 게 혼자서 고민하는 것보다 낫다는 식이다. 원리 원칙이나 복잡한 개념보다 한눈에 알 수 있는 통계나 수치, 여론 등이 자신의 가치 판단에 가장 중요하다.

그렇다 보니 소양인은 원리 원칙보다는 자신이 책임질 일에만 예민하게 반응한다. 평소에는 즐겁고 유쾌한 모습을 보이다가도 책임질 일은 정색을 하고 최대한 회피하려 한다. 소양인은 군이 열 가지를 잘하려고 노력하기보다 한 가지 잘못을 하지 않기 위해 애쓴다. 시비를 가릴 일이 생기거나 잘못을 따질 때도, 소음인은 "내 생각은 이래서 옳다"라며 자신의 사고 결과물인 원리 원칙을 내세우는 반면, 소양인은 "네 생각은 이래서 틀렸다"라며 상대방의 원칙이나 태도에서 잘못된 점을 지적한다.

당장은 감정 기능을 발휘해 사람들과 원만한 관계를 맺고 위기를 모면할 수 있지만, 이 같은 태도로는 주변 사람들의 신뢰를 잃기 쉽다. 웃음꽃을 피우며 즐거운 한때를 함께 보내는 사람들은 많지만, 진정 어려울 때 자신을 도와줄 사람은 없다. 따라서 소양인은 눈앞의 작은 이익보다는 보이지 않는 큰 이익을 생각할 줄 알아야 한다. 당장 어떻게 이길까보다 나중에 어떻게 박수를 받을 것인지를 항상 고민해야 한다.

사고를 타고난 소음인은
몰입의 귀재

소음인의 우월한 사고 기능

소음인의 우월 기능인 사고는 인의예지 중에서 '지智'의 속성이다. '지'는 지식 및 지혜와 연관되는 것으로, 직접 경험하지 않더라도 논리적인 추론을 통해 결론을 얻어내는 사고 능력이다. 소음인은 결론이 나야 직성이 풀리는 체질이다. 다른 일은 제쳐두고라도 기어이 결론을 낸다. 즉 어느 한 가지에 몰입해 답을 찾아내는 끈기와 능력이 탁월하다.

궁금한 것이 있으면 상황에 개의치 않고 질문한다. 태음인은 일단 대충 받아들이고 나중에 혼자서 생각하는 반면, 소음인에게는 대충이란 게 없다. 체력만 허용되면 상대의 이야기를 잘 들어주고 대화도 잘 풀어간다. 소음인의 이런 기질은 한 분야에서 크나큰 성취로 이어지기도 한다. 특히 자존심이 충족되면 더욱 분발하려는 노력을 통해 엄청난 힘을 발휘한다. 그러나 관심이 없는 분야는 아예 시도조차 하지 않으려는 단점이 있다.

소음인은 타고난 사고 기능으로 인해 분명한 것을 선호한다. 옳고 그름은 명확해야 하며 두 가지 답이 어정쩡하게 공존할 수 없다고 믿는다. 소음인에게 지식이란 이게 맞으면 저건 틀릴 수밖에 없는 것이다. 따라서 상대방의 말이 수긍되지 않으면 받아들이지 못한다. 아무리 어른이나 선배의 말이라 해도 논리적으로 수긍되지 않으면 한 걸음도 더 나아가지 못한다.

또한 소음인은 요약의 귀재다. 여러 현상을 하나의 결론으로 요약하고 압축하는 사고가 우월 기능인 만큼 다양한 현상을 한 문장의 결론으로 추려내는 데 뛰어나다. 태음인의 감각은 낱낱의 정황을 잘 기억하는 반면, 소음인의 사고는 구체적인 기억보다 핵심을 잘 추려낸다. 소양인의 우월 기능인 감정은 '얕지만 폭넓고 빠른' 속성을 지녔다면, 소음인의 우월 기능인 사고는 '좁지만 깊은' 속성을 지녔다고 볼 수 있다.

소음인의 열등한 감정 기능

소음인은 감정 기능이 열등하다. 그래서 자기 생각과 감정에만 몰입한 나머지 주변 사람에 대한 배려를 소홀히 하기 쉽다. 좋고 싫음이 분명해서 언행에 감정이 그대로 드러난다. 감정 변화를 겉으로 드러내지 않고 포커페이스를 유지하는 태음인과 전혀 다른 점이다. 기분이 좋으면 좋은 대로, 나쁘면 나쁜 대로 금방 얼굴 표정과 언행에 드러난다.

이것은 감정이 풍부한 것이 아니라 감정 기능이 열등한 것이다. 여럿이 화합하는 술자리에서 자기 기분이 안 좋다고 추태를 부리는 것이 소음인이다. 반대로 기분이 좋으면 주변 사람들도 모두 그 기분에 동조해주길 바라고 혼자서 넘치는 행동을 한다. 남들 배려 없이 "3차!" "4차!"를 외치는 사람도 소음인이다.

소음인은 자긍심이 매우 강해서 '내가 무조건 옳다'라는 사고에 빠져 주변을 돌아보거나 배려하는 감정 능력이 떨어진다. 머릿속에 자기 사고만 가득 차 있어서 주변 사람들이 자신의 생각을 받아들일 준비가 되어 있는지 잘 느끼지 못한다. 자기 방식대로만 몰아붙이고, 주변 사람들이 제대로 못 따라오거나 동조하지 않으면 짜증을 낸다.

소양인은 옳다고 생각하는 방향이 있어도 상대방이나 주변 사람들의 감정부터 살피고 모나지 않게 행동하는 반면 소음인은 '내가 옳은데 뭐'라는 식이다. 열등한 감정 기능의 대척점에는 항상 '내가 옳다' '내가 잘났다'라는 지나친 자긍심이 자리 잡고 있다. 자신의 자긍심이 지나치다는 것을 소음인 스스로 깨닫는 것이 인격 수련의 시작이다. 이는 아이들도 예외가 아니다.

소음인은 항상 자기주장을 어떤 식으로든 강하게 표출한다. 자기주장에 반박하는 것을 인격에 대한 공격이라고 여길 정도다. '내가 옳은데, 내가 맞는데, 세상은 왜 내 뜻대로 안 되나' 하는 생각은 우울증이나 화병으로 이어지기도 한다. 소음인에게는 역지사지易地

思之가 가장 어려운 과제인 셈이다.

소음인의 또 한 가지 단점은 예의를 모른다는 것이다. 정장을 차려입어야 하는 자리에 불쑥 청바지 차림으로 나타나는 것이 소음인이다. 어떤 주장을 할 때도 상대에 대한 배려 없이 자기주장만 급해서 자초지종이나 전후 맥락은 생략하고 불쑥 결론만 말한다.

복잡한 생각이 피곤한 건 소양인뿐만 아니라 소음인도 마찬가지다. 그래서 소음인이 쓰는 방식이 모르는 것도 아는 척하며 비약적인 논리나 궤변으로 넘겨짚는 것이다. "이거 대충 이런 거 아냐?"라는 식이다. 또는 기존의 지식을 아전인수 격으로 끌어다가 자기만의 결론을 내린다. 그러면서 남들에게는 단언적이고 확실한 것처럼 말한다. 이런 태도의 소음인을 종종 태양인으로 착각하는 사람도 있다.

소음인은 뭔가 분명히 정해지지 않으면 불안해하며 계속 생각한다. '분명한 결론이 나야 한다'라는 강박적인 성향 때문이다. '이쪽일까, 저쪽일까, 다시 생각하니 저쪽인 것 같고……' 끊임없이 고민하다 다른 변수를 대입하면 또 결론이 바뀌는 식이다. 이 과정에서 보이는 가볍고 불안한 모습은 남들이 다 알아차릴 정도다.

하지만 일단 결론이 나면 소음인은 누구보다 마음이 급해진다. 또한 옳다고 여겨지면 당장 실행에 옮겨야 한다. 최신 휴대전화나 컴퓨터를 사기 위해 출시 전날부터 줄을 서는 사람도 십중팔구 소음인이다.

소음인에게는 모르는 것은 모른다고 말할 수 있는 솔직함, 그리고 하나하나 꼼꼼히 알아보려는 노력이 필요하다.

문답으로 알아보는
우리 아이체질

아래 부모들의 질문에 가장 부합하는 아이의 체질은 무엇일까? 앞서 설명한 직관, 감정, 감각, 사고의 정의를 염두에 두고 가장 두드러진 성향을 찾아보면 보다 정확히 체질을 파악할 수 있다.

> **Q1.** 아이의 "왜요?"라는 질문 때문에 피곤해 죽을 지경이에요. 질문에 끝이 없어요. 뭐든 궁금한 게 생기면 끝도 없이 물어요. 질문에 시달리다 못해 대충 넘어가자고 윽박지르고 야단을 쳐봐도 좀처럼 변하지를 않습니다. 우리 아이는 어떤 체질일까요?

A. 소음인입니다. 사고 기능을 타고나서 끝없이 파고들며, 스스로 수긍할 만한

결론이 날 때까지 질문을 멈추기 어려운 것이 소음인의 특징입니다. 이런 기질을 잘 살려주어야 소음인 아이의 정신 에너지가 긍정적인 학습 에너지로 연결됩니다. 부모들이 귀찮다고 "어른들이 시키면 그냥 해!"라거나 "그런 건 몰라도 돼"라는 식으로 반응하면 아이의 정신 에너지가 고립됩니다. 나아가 자신이 궁금한 것을 해결해주지 않는 부모나 선생님을 신뢰하지 않게 됩니다. 간혹 소음인인데도 질문이 없고 묻는 질문에도 대답을 잘 못하는 사람이 있는데, 이 경우가 바로 어릴 때 잦은 질문으로 야단을 맞거나 심한 핀잔을 들은 상처 때문입니다.

—— 소음인은 '선 수긍, 후 수용'의 태도를 보입니다. 논리적으로 이해되지 않는 건 전혀 수긍하지 못하죠. 수긍되지 않는데도 고개를 끄덕이거나 대충 넘어가는 것이 안 되는 체질입니다. 이것은 감각과 사고의 차이 때문입니다. 감각은 물리적·심리적 자극이 전달되어 이를 고스란히 과거의 것으로 저장해두었다가 어떤 상황에서 가장 유사한 것을 꺼내는 기능입니다. 반면 사고 기능은 하나에서 다음으로 넘어가기 위한 논리적인 연결고리가 명확하지 않으면 조금도 앞으로 나아가지 못합니다. 이 연결고리를 이어주는 것이 바로 "왜?"라는 질문입니다. 이 질문을 잘 살려주어야 소음인의 학습 능력이 발달합니다.
반대로 태음인은 '선 수용, 후 수긍'의 태도를 취합니다. 당장은 몰라도 고개를 끄덕이며 넘어갑니다. 그리고 시간이 지난 뒤에 정 궁금하면 혼자 생각해보죠. 태음인이 고개를 끄덕인다고 해서 '당신의 말을 이해했다'라는 뜻은 결코 아닙니다. '당장 이해는 다 못 해도 받아들여보겠다' '일단 판단은 유보하고 다음으로 넘어가자'라는 뜻이죠.

Q2. 저희 아이는 항상 처음에는 심하게 긴장을 합니다. 신생아 때도 밤낮이 완전히 바뀌어서 힘들었습니다. 하지만 시간이 조금씩 지날수록 적응을 하긴 하죠. 그래도 낯선 사람을 보거나 처음 가는 곳에서는 엄마 품에서 좀처럼 떨어지질 않습니다.

A. 태음인입니다. 감각은 과거의 기억이며 정보 저장고입니다. 태음인은 과거의 정보가 있어야 이를 바탕으로 새로운 것을 추가하고 받아들일 수 있습니다. 그런데 처음 맞닥뜨린 환경에서는 과거의 정보가 없으니 태음인의 감각 기능이 제대로 발휘되지 않는 것입니다. 아이가 태음인인 경우에는 엄마의 배 속과 전혀 다른 바깥 환경에 적응하기까지 힘든 시간을 보낼 수밖에 없습니다. 낯가림도 심하고 주변 환경 적응에 오랜 시간이 걸리죠. 자연스러운 반응입니다.

──── 참고로 소양인은 낯선 곳에서 무척 즐거워합니다. 낯가림이라는 단어를 모르죠. 오히려 뻔하고 익숙한 곳에 빨리 싫증을 냅니다. 감정 기능이란 나 자신이 아닌 외부 세계의 변화를 관찰하는 정신 에너지입니다. 이를 충족하려면 변화가 다양하고 폭이 클수록 더 효과적이죠.

반대로 소음인은 처음에는 언뜻 낯가림을 하는 듯 보여도 태음인과는 전혀 다른 태도를 보입니다. 자신의 사고 기능을 자극해줄 상황이 벌어지지 않는 한 가만히 탐색만 할 뿐이죠. 태음인의 긴장하는 태도와 두려움 섞인 낯가림과는 본질적으로 다릅니다. 소음인은 자신의 호기심을 자극하는 것이 나타나면 언제 그랬냐는 듯이 다가가 만져보고 확인하려고 합니다. 그러나 태음인은 마음이 어느 정도 편안해지기 전까지는 궁금한 게 있어도 선뜻 만져보거나 친숙한 환경(엄마나 동반 보호자)에서 벗어나 낯선 것에 다가가지 못합니다.

Q3. 아이가 장난감이든 뭐든 금방 싫증을 내서 걱정입니다. 처음에는 다 좋아하지만 금세 싫증을 내며 새로운 것을 찾습니다. 블록 같은 조립장난감을 줘도 차분히 앉아서 맞추기보다는 흩어버리거나 던져버리곤 하죠. 그런데 공부하는 태도도 이와 다르지 않네요. 진득하게 앉아 있질 못하고, 처음에는 잘하는 것 같다가도 반복되면 바로 싫증을 냅니다.

A. 소양인입니다. 소양인의 우월 기능은 감정이고, 열등 기능은 사고입니다. 한마디로 생각하는 걸 무척 싫어하죠. 사고가 우월 기능인 소음인은 조립장난감을 주면 자기 생각대로 요리조리 맞춰보면서 새로운 것을 구상해나가는 것에 재미를 느끼는 반면, 소양인은 그런 생각을 하는 것 자체를 피곤해합니다.

감정 기능은 순간적인 것이어서 소양인 아이에게는 장난감으로 뭔가 공식을 찾아가면서 조립하고 맞추는 것이 고역입니다. 오히려 그냥 던지고 흩어버리는 것이 감정 기능에 부합하죠. 좀 더 자란 뒤에 학습하는 태도도 마찬가지입니다. 순간적인 기분은 잘 파악하지만, 소양인에게는 낱낱이 기억하는 감각 기능이나 논리를 따지며 몰입하는 사고 기능은 많이 부족합니다. 때문에 처음에 학습하는 데 가장 어려움을 겪는 체질이 바로 소양인입니다.

Q4. 저희 아이는 좀처럼 표현을 하지 않아요. 억울한 일이 있어도 말을 아끼고 속으로만 삭이려 해요. 뭔가 불만이 있어도 표정만 뚱할 뿐 내색을 하지 않죠. 그러고는 한참 뒤에야 쌓이고 쌓인 눈물을 한 번에 울컥 쏟아내며 서럽고 억울

A. 태음인의 우월한 감각 기능은 무조건 받아들이고 수용하려는 기질이 강합니다. 수긍되지 않는 것도, 억울한 것도 받아들이려고 애쓰죠. 일단 수용했다가 비슷한 일이 반복되고 난 뒤 참을성의 한계에 도달해서야 쌓인 것을 한꺼번에 터뜨립니다.

반대로 소음인은 수긍되지 않는 것은 조금도 받아들이지 못합니다. 반드시 "왜?"라는 질문을 던지죠. 또 소양인은 억울하거나 이치에 안 맞는다고 여기는 것은 그 자리에서 따집니다. 누가 봐도 옳지 않다 싶은 것은 반드시 짚고 넘어가죠.

Q5. 아이의 승부욕이 너무 강해요. 자기보다 큰 아이와도 싸워서 이기려고 합니다. 오히려 체구가 작거나 보나마나 이길 것 같은 아이에겐 관대하고요. 유독 자기보다 강하거나 비슷해 보이는 아이들에게 덤비려고 해요.

A. 소양인입니다. 승부욕은 외향적인 기운입니다. 나와 다른 사람 사이의 감정적인 관계라고 할 수 있지요. 소양인은 매사에 이기려고 안간힘을 씁니다. 상대가 어른이든 자기보다 체구가 큰 아이든, 승부를 가리는 일이라면 무조건 이기고 싶어하죠. 승부에서 패하면 두고두고 속상해하고 분을 삭이지 못합니다. 그런데 누가 봐도 질 것 같은 승부를 자주 하다 보면 소양인 아이의 성격이 부정적으로 변할 수 있습니다. 소양인은 성인이 된 뒤에도 사소한 것까지 내기 걸기를 좋아하고 승부의 스릴과 긴박감을 즐깁니다. 참고로 태음인은 평소 잘하던 것도 내기를 하면 긴장해서 제 실력을 발휘하지 못할 때가 많습니다.

Q6. 아이가 편식이 심해요. 반찬이 여러 가지가 있어도 제 입맛에 맞는 딱 한 가지만 먹어요. 그런데 음식만 편식하는 게 아니라 모든 방면에서 치우침이 심해요. 혼자 놀 때가 많고 친한 친구도 한두 명뿐입니다. 더 마음에 드는 새 친구를 알게 되면 그 전 친구에 대한 관심은 금세 식어버리고요. 공부도 마찬가지예요. 자신이 관심 있는 것은 누가 시키지 않아도 끝까지 하려 하지만, 관심 없는 일은 거들떠보려고도 하지 않아요.

A. 소음인이 타고나는 사고 기능의 특성입니다. 두 개 이상의 답은 허용하지 못하죠. 이것도 맞고 저것도 맞는다는 건 소음인의 사고 논리에서는 받아들일 수 없는 일입니다. 먹는 것 역시 예외가 아니어서, 이 반찬이 가장 맛있으면 이 반찬을 먹는 게 정답이라는 식입니다. 이 친구가 나와 더 잘 맞는다면 이전 단짝하고는 멀어지는 게 당연하다고 여기고요.

소음인은 소위 불꽃이 튀어야 사고가 진행됩니다. 호기심이 생기지 않는 분야를 억지로 하는 건 소음인에게 더없는 고역이죠. 지적 호기심이 발동하면 무섭게 파고들지만, 호기심이 생기지 않는 일은 건성으로 할 수밖에 없습니다.

친구가 거의 없어서 인형만 가지고 놀 정도라면 또래와 어울릴 수 있는 환경을 만들어줘야 합니다. 소음인 아이가 혼자서만 너무 많은 시간을 보내며 성장한다면 현실보다 상상이나 공상의 세계에 빠질 가능성이 큽니다.

Q7. 편한 사람과 불편한 사람을 대할 때의 태도가 너무 다릅니다. 처음 만난 사람들에게는 얼마간 예의를 갖춰 대하는데, 친한 사람들에게는 장난도 심하고 말도 거침없이 합니다. 어떤 때는 아이가 이중인격인가 싶을 정도예요.

A. 태음인은 정보가 쌓여야 하는 감각 기능을 타고났기에 처음 만난 사람을 대할 때는 일단 탐색부터 합니다. 상대가 뭘 좋아하고 싫어하는지, 어떤 사람인지를 알아야 하니까요. 그런 다음 저장된 감각을 바탕으로 처신합니다. 감각의 양이 많아지면 그다음부터는 상대방을 훨씬 스스럼없이 대하죠. 그래서 잘 모르는 사람은 깍듯하게 대하지만, 편하고 친해지면 허물없이 지내려고 합니다. 시간이 어느 정도 흘러야 마음을 터놓는 것이 태음인의 특성이죠.

—— 반면 소음인은 자신의 사고 유형과 일치하느냐의 여부를 탐색합니다. 자신과 같은 유형이라고 여기면 바로 친구나 동지가 되기도 하죠. 반대로 아무리 오래 알고 지냈어도 자신과 뜻이 다르다고 생각하면 적대시합니다. 이런 소음인과 달리 태음인은 뜻이나 사고보다는 함께한 시간이 얼마나 오래되었느냐를 중요하게 여깁니다. 처음 만난 사람에게는 선뜻 자신의 속내를 드러내지 않지만, 오래 함께해서 정이 든 사람에게는 뜻은 비록 다를지언정 많은 정을 느끼는 것이 태음인입니다. 소음인에게는 정이라는 게 없다고 봐도 무방할 정도죠.

Q8. 아이가 일만 벌이고 끈기가 없어요. 처음에는 잘 적응하고 순발력도 좋고 모든 일에서 성취도 빠릅니다. 그런데 뭔가를 꾸준히 하질 못해요. 끊임없이 일을 벌여 쫓아다니면서 말리느라 지칠 정도인데, 정작 끝내는 일은 별로 없어요.

A. 소양인의 감정 기능은 순간 외부로 향하는 기운입니다. 마치 밤하늘의 불꽃놀이와 같죠. 집중력은 뛰어나지만 반복하고 유지하는 지구력이나 하나에 몰입하는 힘은 떨어집니다.

—— 소음인은 일단 뭔가에 빠지면 결론이 날 때까지는 옆에서 불러도 모를 정도입니다. 물론 소음인 중에도 관심사가 금세 바뀌는 것처럼 보이는 아이들도 있습니다. 그런데 소양인과 다른 점은, 이미 결론이 나서 더 이상 논리적인 호기심이 생기지 않는 상황일 때 관심사가 바뀐다는 것입니다. 소음인은 몰입한 일에 대해서는 반드시 어떤 식으로든 결론을 지은 다음에야 관심의 대상이 바뀝니다.

참고로 태음인은 익숙한 것을 좋아합니다. 처음에 적응하기까지는 부족한 감각 정보 때문에 힘들어하지만, 이것이 어느 정도 쌓여 반복하게 되면 심리적인 안정을 찾습니다. 따라서 태음인 아이에게는 반복되는 상황을 마련해주어야 덜 긴장하고 그 속에서 안주하면서 즐거움을 찾습니다. 물론 태음인도 어느 정도 안정되면 호기심이 생겨 새로운 탐색과 도전에 나서지요. 비유하자면 소양인은 왼손잡이가 왼손을 쓰듯 즐기면서 나서고, 태음인은 왼손잡이가 오른손을 쓰듯 많이 긴장하고 노력하면서 탐색해나간다는 차이점이 있습니다.

Q9. 무슨 일을 하든 행동이 너무 굼떠서 보고 있으면 답답해 미칠 지경입니다. 꼼지락거리는 걸 보다 못해 큰소리를 치거나 혼을 내면 더 주눅이 들어 평소 잘하던 것도 못합니다. 매사에 신중한 건 좋은데 겁이 너무 많고요. 환경이 바뀌거나 새 학기만 되면 어김없이 힘들어합니다.

A. 태음인은 감각이 우월 기능이고, 직관이 열등 기능입니다. 빠른 판단을 의미하는 직관을 열등 기능으로 타고났기에 새롭고 낯선 상황에서 빠른 판단을 내리는 것을 가장 어려워합니다. 신발 끈 하나 묶는 것도 처음에는 어찌할 바를 몰라

쩔쩔매죠. 이때 부모가 다그치거나 혼내면 아이의 감각 기능까지 제대로 발달하지 못할뿐더러 더 소극적이고 내성적인 성격으로 변합니다. 그렇다고 부모가 일일이 챙겨주는 것도 좋지 않습니다. 처음 할 때는 시간이 오래 걸리지만, 반복할수록 누구보다 잘해내죠. 용기를 주고 스스로 해낼 때까지 기다려주고 칭찬해주는 것이 중요합니다.

태음인 아이는 부모가 시키면 하기 싫은 것도 내색 않고 따릅니다. 그래서 억지로 시키는 교육이 당장은 효과가 있는 듯 보이지만 결국은 아무것도 스스로 못하는 마마보이나 피터팬 증후군 혹은 캥거루족 어른으로 성장하기 쉽습니다. 태음인 아이를 둔 부모라면 느긋한 마음으로 기다려주는 자세가 필요합니다.

Q10. 어린데도 기억력이 너무 좋아요. 보채는 아이가 귀찮아서 건성으로 뭔가를 약속했는데, 그 약속을 그대로 기억했다가 한참 지난 뒤에도 말하곤 해요. 그때 했던 말을 그대로, 토씨 하나 틀리지 않고 되뇌기도 해요.

A. 감각은 몸과 마음으로 그대로 수용했다가 재생해내는 기능입니다. 태음인 아이들은 나이가 아무리 어려도 기억을 잘합니다. 특히 억울한 일에 대해서는 한참 뒤에라도 다시 따지듯 얘기를 꺼내놓습니다. 예를 들어 지난번에는 아무렇지 않게 넘긴 일을 두고 비슷한 상황에서 엄마 기분에 따라 혼을 낸다면, 태음인 아이는 억울함을 느낍니다. 지난번 상황과 비슷한 기억이 감각으로 저장되어 있는데 일관된 태도를 취하지 않는 것이 잘못되었다고 여기는 거죠.

Q11. 하루 종일 혼자서 책만 보려고 해요. 놀아도 혼자서 장난감을 갖고 놀 정도예요. 친구라고 해봐야 단짝 친구 한 명뿐이죠. 친구들과 놀 때도 친구의 기분이

나 분위기를 잘 파악하지 못합니다. 그러니 자기 식대로만 하려다가 잘 안 되면 혼자 상처받고 돌아오곤 하죠.

A. 소음인의 사고에는 몰입하는 에너지가 있습니다. 사고는 혼자서 자신의 내면으로 깊이 몰입해 들어가는 과정입니다. 따라서 혼자만의 놀이도, 혼자만의 독서도 소음인에게는 사고 기능을 충족하는 행위인 거죠.

───── 반면 소양인은 혼자서 놀지 못합니다. 책도 혼자서는 읽으려 하지 않죠. 그림이 많은 책이거나, 쉬운 책이거나, 친구와 경쟁하면서 읽어야 그나마 책을 읽는 게 소양인 아이입니다. 그만큼 소양인의 감정은 내부로 향하는 몰입과 사고 기능이 열등합니다. 그래서 소양인 아이를 둔 부모는 아이가 잠시도 가만있지 못한다는 말을 자주 합니다. 어릴 때도 운동신경이 좋아서 위험한 곳에 잘 올라가 부모의 애간장을 녹이기 일쑤죠.

Q12. 아이가 눈치가 100단입니다. 여느 어른들보다 눈치가 더 빠릅니다. 어른들 기분을 금방 파악해 자기가 필요한 것을 곧잘 얻어내죠. 부모가 기분이 안 좋다 싶으면 얼른 피해 눈에 안 띄는 곳에 가 있고요. 아이가 분명 잘못을 하긴 했는데도 막상 야단치려고 하면 딱히 꼬투리를 잡을 게 없는 경우도 많습니다.

A. 소양인의 감정 기능은 외부로 향합니다. 상대방의 감정을 재빨리 읽어내 자신의 언행을 적절히 조절하죠. 소양인 아이는 평소라면 부모가 안 사줄 법한 것을 부모의 기분이 좋은 틈을 타 요구하기도 합니다. 반대로 부모의 기분이 안 좋

다 싶은 때는, 소음인처럼 자기주장만 내세우다가 더 크게 혼나는 행동 따위는 잘 하지 않습니다.

——— 반면 소음인은 눈치가 너무 없는 게 단점입니다. 어른도 예외가 아니죠. 자기 사고에 몰입해 결론이 나면 얼른 실천에 옮겨야 하는 게 소음인 사고 기능의 특징이기 때문입니다. 특히 흥분하면 주변을 잊어버릴 정도로 강력하게 자기주장을 합니다. 상대가 부모든 친구든 선생님이든 상관이 없죠. 감정 기능이 열등해 주변이나 상대의 기분을 고려하지 못하고 눈치 없이 자기주장을 거침없이 드러냅니다.

Q13. 특별히 레슨을 받은 적도 없는데 아이가 악기를 연주합니다. 다른 사람이 연주하는 것을 몇 번 보았을 뿐인데 금방 따라 하네요. 그리고 어떤 일에 몰입할 때는 지칠 줄 모르고 하다가 그렇지 않을 때는 잠만 자려고 해요.

A. 태양인의 직관은 소음인의 사고나 태음인의 감각과는 전혀 다른 면모를 보입니다. 오랫동안 반복하고 연습해서 잘하는 것이 감각의 기능이라면, 머리로 이리저리 따져보고 궁리해서 더 나은 모습을 보이는 것은 사고의 기능입니다. 그런데 이런 과정 없이 자연을 관찰하거나 응용하고 모방하는 탁월한 능력을 발휘하는 반면 사회성은 크게 떨어진다면 태양인일 가능성이 높습니다. 한국의 교육 상황에 적응하기에는 무척 까다로운 유형이라고 할 수 있죠. 꾸준히 하는 일에 취약할 뿐만 아니라 지속적인 성취동기가 없으면 발전하기 어려워 큰 재목으로 키우기에 어려움이 많습니다

Chapter 4

부모와 아이의 체질 궁합

* 태양인은 1만 명당 2~3명 정도의 인구 분포로 그 사례가 많지 않으므로
관련 내용을 생략합니다.

부모 자녀 간 소통의 답은 체질에 있다

체질이 다르다는 것은 사용하는 정신 언어가 다르다는 뜻이다. 동일한 현상을 놓고도 인식하는 방법도, 중요하게 여기는 관점도, 이를 해결하는 방식도 다르게 마련이다. 체질을 알면 상대를 이해하는 관용의 자세를 키울 수 있다. 하지만 인간은 자신이 세상의 중심인 양 착각하기 쉽다. 그래서 내 방식대로 상대를 뜯어고치려다 갈등을 빚는다.

부모 자녀 관계 역시 마찬가지다. 부모는 자기도 모르게 자신이 타고난 우월 기능에 따라 아이를 훈육한다. 태음인 엄마는 태음인 방식대로 아이를 가르치고 생활 태도 하나하나에서도 태음인 방식대로 끌고 가려 한다. 태음인이 중요하게 여기는 예절이나 반복 학습, 성실함 등을 어릴 때부터 아이에게 강조하기 쉽다. 그러나 다른 체질의 아이라면 태음인 엄마의 요구에 적응하기 어렵다.

부모와 아이가 체질이 다를 경우에는 일상생활 전반에서 부딪칠 수밖에 없다. 서로 다르게 받아들일 수 있다는 생각은 못 한 채 부모들은 "너랑은 정말 안 맞는다"라는 말을 자주 하게 된다. 아이들 역시 이런 부모에게 상처받기는 매한가지다. 같은 자식이라도 소통이 잘되는 자식이 있는가 하면 "정말 이해가 안 간다"라는 자식이 있는 것도 바로 체질 문제 때문이다.

부모와 아이가 체질이 다르다는 것은 부모는 한국어를, 아이는 영어를 사용하는 것과 마찬가지다. 예를 들어 'I love you'와 '나는 너를 사랑한다'라는 말은 같은 의미다. 그런데 만약 부모가 "왜 한국식으로 '주어 + 목적어 + 서술어' 순서로 말하지 않고 '주어 + 서술어 + 목적어' 순으로 말하냐고 야단친다면, 아이의 잘못은 무엇일까? 아이는 부모를 잘못 만난 죄밖에 없다. 이는 영어를 말하는 아이에게 'I you love'로 말해야 옳다고 억지를 부리는 꼴이 된다.

언어마다 고유 어법이 존재하듯 소양인은 소양인대로, 소음인은 소음인대로 생각과 정서가 다르고, 표현과 인식의 방법도 다르다. 그런데도 부모들은 '내 배로 낳은 내 자식'이라는 생각에 자식과 나를 동일하게 생각한다.

타고난 정신 심리 구조가 서로 다르다는 것을 이해하지 못하면 부모는 부모대로, 아이는 아이대로 상처만 받게 된다. 그러니 부모가 아이의 체질과 타고난 성정을 충분히 이해하고 이끌어야 한다. 그렇지 않고 부모의 성정대로만 아이를 끌어가려 하면 부작용이 생길 수밖에 없다.

　부모와 자녀가 같은 체질이라고 해서 문제가 전혀 없는 것은 아니다. 우선 정서적 소통 방식이 일치하니 당장은 서로에게 상처 주는 일이 적다. 그러나 성장 과정에서 발달해야 할 열등 기능을 살리는 일이 늦어질 수 있다. 가령 부모도 아이도 모두 태음인이라면, 가정 내 소통은 원활하지만 대외적인 활동에 필요한 소음, 소양, 태양의 기운을 학습할 기회가 줄어든다. 따라서 부모 자녀 간 소통에 큰 문제가 없으니 아무 문제 없다고 넋 놓고 있으면 안 된다. 서로 열등 기능을 보완해야겠다는 생각을 놓치기 쉽기 때문이다.

　이처럼 부모와 자녀의 체질을 구분하는 것은 어떤 경우든 문제를 적절히 인식하게 하기 위해서 꼭 필요한 것이다. 자신이 치우쳐 있다는 생각은 전혀 못 하고 아이와 주위 사람들만을 지적하고 뜯어고치려 하는 것은 아닌지 돌아볼 필요가 있다.

　체질에 대한 이해는 부모에게 '나는 잘 살아가고 있는가' '나는 아이를 올바로 훈육하고 있는가'를 끊임없이 돌아보고 관찰하게 해주는 계기가 된다. '모든 인간은 치우쳐 태어난다'라는 사상의학의 결론과 '내가 세상의 중심은 아니다'라는 자기 수양의 관점은 서로 연결된다. 내 아이가 이런 포용과 이해의 태도를 갖고 올바로 성장하기 위해서는 '남들도 나처럼 생각하지 않을까'라는 관성적인 사고와 방어적인 태도에서 부모가 먼저 벗어나야 한다.

부모가
태음인인 경우

　태음인 부모는 자식에게 마냥 퍼주고 참아주는 유형이다. 어찌 보면 이상적인 부모상이라고 할 수 있다. 태음인은 소음인과 달리 자신의 생각을 직접적으로 잘 드러내지 않는다. 상대가 하는 대로 받아주고 품어준다. 태음인은 못마땅한 것이 있어도 바로바로 표현하지 않는다. 대신 마음에 담아두었다가 한꺼번에 폭발시키듯 표현한다. 기분이 좋든 나쁘든 최대한 드러내지 않으면서 자신이 해야 할 일은 우선 성실하게 해낸다.

　태음인은 네 가지 체질 가운데 인내심과 참을성이 가장 많은 체질이다. 웬만큼 불편한 것도 가족을 위해서라면 기꺼이 참아가며 해결하려 한다. 아이들 뒷바라지도 마찬가지다. 자신과 다른 체질의 아이에게 잘 맞춰줄 수 있는 유형이다. 세세한 부분까지 잘 기억해뒀다가 이를 바탕으로 아이들을 챙긴다. 아이나 배우자를 살뜰히 배려하는 노력이 몸에 배어 있는 것이다. 평소에는 자잘한 것에 세세하게 신경 쓰다가도 상대를 배려하거나 할 때는 큰 아량을 보여준다.

또한 당장 필요하지 않은 것도 미리 준비하거나 배워두려는 기질이 있다. 비록 깊이는 떨어지지만 다방면에 관심이 많다. 이루고자 하는 일은 시간이 오래 걸리더라도 조금씩 전진해 마침내 이루어내는 대기만성형이다.

태음인은 뛰어난 감각을 발휘해 자랄 때 겪었던 어려움을 누구보다 잘 기억한다. 그래서 자신의 아이를 키울 때 크게 상처 주는 일이 적다. 어떻게든 보듬어주려 애쓴다. 대신 자신이 겪었던 방식 그대로 아이를 키우려는 성향이 강하다. 자신의 몸과 마음에 체득된 감각 기능을 아이 양육에도 적용하려 한다. 그래서 늘 "내가 어릴 때는……"이라는 말을 자주 하는 편이다. 새로운 변화가 귀찮기만 한 태음인들은 자녀교육에서도 자신이 겪었던 방식을 답습하려다 자칫 시대의 변화에 뒤처지기 쉽다.

태음인은 능력이나 순발력보다 성실함에 가치를 둔다. 변화 없이 반복되는 단순한 일도 싫증내지 않고 꾸준히 잘해낸다. 이런 특성은 사회생활보다는 집안일에서 장점으로 작용할 수 있다. 또한 공부를 꾸준히 하고 예의 바르게 행동하는 것을 중요하게 여긴다. 하지만 예의와 꾸준함을 아이에게 지나치게 강조할 경우 충돌을 일으킬 수 있다.

태음인 부모 vs 태음인 아이

이심전심의 조합이다. 둘 다 불만이나 어려움이 있을 때 속으로 삭이고 말로 표현하지 않는다. 그래서 아이의 어려움을 부모가 누구보다 잘 이해한다. 말하지 않아도 서로 신뢰하는 관계가 형성될 수 있다. 이러한 이유로 시간이 갈수록 깊은 정이 쌓이고 서로 이해의 폭이 넓어진다.

학습 지도 역시 부모 또한 환경 변화나 적응에 어려움을 겪으면서 살아왔기에 태음인 아이를 이해하는 데 강점을 발휘한다. 부모와 아이 사이가 가장 원만한 체질 궁합이다. 다만, 외향적인 기질의 학습이 늦어지면 외부 환경에 적응하는 데는 취약할 수 있다.

태음인 부모 vs 소음인 아이

태음인 부모가 보기에 소음인 아이는 논리적이고 똘똘하긴 하지만 예의가 없어 보인다. 궁금한 게 있으면 언제든 불쑥불쑥 물어보고, 어른들 말에 가만히 수긍하기보다는 따박따박 말대꾸하며 질문하는 아이의 태도를 보아 넘기기가 힘들다. 부모가 그렇게 자라지 않았으니 소음인 아이가 무례하게 느껴지는 게 당연하다.

태음인이 상대를 봐가면서 지나칠 정도로 배려한다면, 소음인은 알고자 하는 것이 있으면 내키는 대로 행동한다. 수긍의 태도가 몸에 밴 태음인으로서는 소음인의 이런 면을 견디기 힘들다. 태음인 엄마가 소음인 아이를 키울 때 가장 힘든 점은 '질문이 너무 많다'라는 것이다. 또한 예의를 갖추거나 배려하는 태도가 턱없이 부족해 보이는 소음인 아이에게 태음인 부모는 예의범절을 강요하기 쉽다. 부모가 강자이고 아이는 약자라고 할 수 있는 부모 자녀 관계에서 만약 태음인 부모가 소음인 아이의 이런 속성을 억압한다면 갈등은 심해질 수밖에 없다.

소음인 아이는 편식이 심할 뿐만 아니라 공부도 하고 싶은 것만, 친구도 편애하는 친구만 사귄다. 소음인의 우월 기능인 사고가 명확한 결론을 요구하기 때문이다. 대충 얼버무려 기억하고 저장하는 감각 기능과는 분명히 다르다. 반면 태음인 부모는 '골고루' '무던하게'를 강조한다. 소음인 아이의 편식과 똑 부러지는 사고는 태음인 부모가 받아들이기에는 한없이 거슬리는 '미운 털'이다.

태음인 부모 vs 소양인 아이

내향적인 부모와 외향적인 아이는 쉽게 충돌할 수 있다. 태음인 부모가 보기에 소양인 아이는 산만함 그 자체다. 잠시도 가만히 있질 않는다. 책상에 앉아서도 진득한 모습을 볼 수가 없다. 태음인 부모와 소양인 아이는 생활 전반에서 갈등을 일으킬 소지가 다분하다. 태음인 부모의 장점은 지구력, 소양인 아이의 장점은 순발력이다. 이렇게 서로 모순되는 정신 에너지를 가진 둘의 관계에서 부모의 지나친 잔소리나 강요는 자칫 아이의 설 자리를 점점 좁아지게 만들 수 있다.

태음인은 사람을 판단할 때도 똑똑한 머리나 효율적인 일 처리, 빠른 센스보다 묵묵하고 성실한 사람을 더 신뢰한다. 하지만 소양인 아이는 늘 순간의 감정 변화에 에너지가 집중되어 있고, 반복되는 꾸준한 일을 지속하는 지구력은 턱없이 부족하다. 태음인 부모는 이런 소양인 아이에게 "왜 그렇게 진득하질 못하니?" "왜 그리 산만하니?" 등의 말을 자주 하고 반복 훈련을 강조하면서 아이와 갈등을 빚기 십상이다. 끊임없이 성실한 태도를 요구하는 엄마와 이를 피해 다니는 눈치 빠른 소양인 아이는 만화영화 〈톰과 제리〉의 장면들을 연상시키기도 한다.

부모가
소양인인 경우

소양인은 상대의 감정과 기분을 파악하는 능력이 탁월하다. 그런 만큼 아이의 기분이 어떤지, 학습의 어떤 부분을 힘들어하는지도 재빨리 파악해낸다. 아이 눈높이에 꼭 맞게 설명해주는 것도 소양인 부모의 장점이다. 그런데 소양인 부모의 이런 민감한 레이더에는 아이의 단점 역시 여지없이 걸려든다. 일상생활에서도 아이의 행동에서 뭔가 어눌하고 잘못된 부분을 곧잘 찾아낸다. 하지만 아이의 단점을 너무 공격적으로 짚어내다 보면 아이가 상처를 받는다. 따라서 소양인 부모에게는 아이의 잘못이 눈에 보여도 못 본 척 넘어가는 끊임없는 인내가 필요하다.

소양인은 기본적으로 감정 소통 능력이 뛰어나다. 자기주장이나 신념에 얽매이기보다 많은 사람들이 좋아하는 것을 빨리 파악하고 공평하게 처리한다. 소양인은 분위기를 유쾌하게 주도하기에 대체로 어느 모임에서나 환영받는다. 조직의 윤활유인 셈이다. 최신 유행이나 세상의 변화에 민감하고, 나이가 들어서도 젊은 세대의 취향까지 쉽게 흡수한다. 한마디로 유쾌하고 발랄한 기운을 주위에 전달하는 사람이다. 자녀교육에서도 이런 장점을 발휘한다면 아이와 원활하게 소통할 수 있다. 아이는 다양한 내용을 즐겁게 배우고 새로운 변화에 대처하는 능력도 키울 수 있다.

하지만 소양인 부모는 단순하고 반복되는 일에 금세 지루함을 느낀다. 그래서 아이를 직접 가르치는 걸 귀찮아할 때가 많다. 아이가 잘 이해하지 못하는 것이 눈에 보여도 그냥 적당히 넘어가기도 한다. 자신이 너무 귀찮아할 때 아이가 계속 물어오면 면박을 주기도 한다.

소양인 부모의 외향성은 집 안보다는 사람이 많은 밖에서 인정받기 쉬운 기질이다. 때문에 자식을 위한 희생보다는 자기 삶과 여유를 더 중요하게 여기기 쉽다. 집안일은 아무리 잘해도 인정받거나 성취감을 느끼기 어려운데다, 주요 관심사가 주로 외부에 존재하다 보니 자연스레 집안일보다는 외부 활동에 관심이 더 많다. 따라서 소양인 엄마가 전업주부라면 대리 만족으로 아이의 외부 성과에 더욱더 민감해진다. 아이가 자신이 만족할 만한 성과를 내지 못하면 '나는 아이 뒷바라지나 하면서 이렇게 살아야 하나'라는 자기 연민이 강해진다. 차라리 밖에서 폼 나는 일을 하며 번 돈으로 가사를 뒷받침하고 아이를 학원에 보내는 쪽을 더 선호한다.

소양인 부모는 아이를 꾸준히 가르치는 데 어려움을 느낀다. 자기 절제와 노력이 많이 요구되기 때문이다. 그래서 보통 돈으로 해결하는 방법을 택한다. 적절한 투자로 가장 큰 효과를 낼 수 있는 방법을 찾는다. 부모가 아이를 직접 가르쳐 아이 성적을 두고 함께 책임지는 것은 소양인 입장에서는 현명하지 못한 방법이다.

소양인 부모는 학원, 과외 등으로 뒷바라지를 했는데도 아이의 성적이 만족스럽지 못하면 학원이나 아이의 잘못으로 돌린다. 부모가 이렇게 노력하면 일정 수준 이상의 결과물은 만들어내라는 식의 계약적인 태도를 취하기 쉽다. 소양인 부모라면 당장 경쟁에서 이기거나 높은 평가를 받는 것보다 시간이 한참 흐른 뒤에 얼마나 박수 받을 수 있는 선택인지를 늘 마음에 새겨두어야 한다.

소양인 부모 vs 소양인 아이

눈치 9단끼리의 조합이라 할 수 있다. 잘 통하고 서로의 감정을 다치게 하지 않는다. 하지만 두 사람이 어긋나는 지점이 있다. 승부에 민감한 부모는 아이를 쥐고 흔드는 강자의 위치를 고수하려 하고, 눈치 빠른 아이는 부모의 통제에서 벗어나려 할 때다.

소양인 부모와 아이 사이에서는 과장하려는 마음과 연민 작전으로 점철된 소리 없는 전쟁이 끊이지 않는다. 소양인은 아랫사람 입장일 때는 윗사람에게 은근히 반말을 섞어가면서 친근하게 군다. 좋게 봐서 친근한 것이고 나쁘게 보면 윗사람을 만만하게 여기는 도발적인 태도로 볼 수 있다. 하지만 아랫사람이 자신에게 그런 도발적인 태도를 보이면 그냥 보아 넘기지 못한다. 소양인 아이가 눈치 빠르게 부모를 누르려는 태도를 보일 때, 소양인 부모는 호랑이로 변한다.

소양인 부모 vs 태음인 아이

소양인 부모에게 태음인 아이는 이해력이 젬병인 것처럼 보인다. 부모 눈에는 빤히 보이는 것을 아이는 왜 이해하지 못하는지 답답할 따름이다. 부모는 초기 순발력이 뛰어나고, 아이는 대기만성형이기 때문이다. 그래서 인내심이 부족한 소양인 부모가 얼마나 잘 참고 기다려주느냐에 아이 교육의 성패가 달렸다.

부모가 기분에 따라 일관성 없는 태도를 보이면, 세세한 것까지 모두 기억하는 아이는 억울함을 느끼게 된다. 그러면서 부모 눈치를 보느라 지나치게 의존적이거나 긴장을 잘하는 사람으로 자랄 수 있다. 따라서 태음인 아이는 내적인 긴장이나 불안을 외적인 것으로 치장하고 꾸며서라도 인정받으려는 치심이 강해지지 않도록 주의해야 한다.

소양인 부모 vs 소음인 아이

어느 한 가지에서 막히면 소양인은 슬쩍 넘어가기 일쑤다. 어떤 현상에 몰입해 원리를 꼼꼼히 따지는 일이 힘들기 때문이다. 특히 수치나 돈처럼 명확한 지표로 환산되지 않는 것에는 더더욱 몰입하지 못한다.

정반대로 소음인은 어떤 논리가 이해되지 않으면 다음 단계로 넘어가지 못하기에 소양인 부모 입장에서는 대충 넘어갈 수 있는 것을 소음인 아이는 문제가 풀릴 때까지 마냥 붙들고 있으니 귀찮기만 하다. 이럴 때 부모는 아이의 끊임없는 질문을 자르기 위해 질문 방식이나 생활 태도 등을 꼬집어 아이를 나무라기도 한다. 이런 반응이 반복되면 소음인 아이의 호기심은 거세당한다. 그 결과 소음인의 깊이 있는 몰입력과 사고력은 발휘되기 어렵고, 주변의 눈치를 많이 보는 불안한 인격으로 성장하게 된다.

달리 보면, 소양인 부모와 소음인 아이의 관계는 아이의 부족한 감정 기능을 눈치 빠른 부모가 채워줄 수도 있는 조합이다. 그러기 위해서는 부모가 아이의 단점을 지적하기보다는 인내하고 기다려주는 것이 관건이다.

부모가
소음인인 경우

소음인 부모의 장점은 논리적이고 합리적이다. 문제에 부딪쳤을 때 원리를 파악하는 능력이 뛰어나다. 새로운 것도 항상 연구하는 자세로 받아들이고 이해력 또한 뛰어나다. 한번 몰입하면 끝을 보는 기질이어서 일단 관심을 가지면 엄청난 몰입력을 발휘한다. 한마디로 '필' 받으면 무한대의 능력을 끌어낸다.

가사나 육아 역시 마찬가지다. 존재의 가치를 인정받으면 항상 공부하고 연구하는 자세로 임한다. 더욱 분발하고 잘하려는 노력이 위력을 발휘한다. 아이와 함께 공부하는 부모 유형 중에 소음인이 가장 많다. 자녀교육에서도 원리 원칙이 확실하고 나름의 소신이 강하다. 한마디로 똑 부러지는 인상을 준다. 꼼꼼하고 자상하고 가정적이다. 그리고 한번 내 편이라고 생각하면 자신이 손해 보더라도 끝까지 책임지려는 기질이 강해 아이에 대해서도 무한 책임 의식을 보인다.

하지만 자기 생각을 지나치게 고집하다가 아이와 갈등을 일으킬 소지가 다분하다. 소음인의 갈등은 자기 기준에 세상을 맞추려 하면서 시작된다. 자녀교육 역시 마찬가지다. 아이의 기질을 파악하고 그에 맞는 교육 방식으로 영양분을 주기보다, 부모 자신이 가장 이상적이라고 '미리 결정 내린' 교육 방식의 틀에 아이를 꿰맞추려는 성향을 보인다.

소음인의 관심사는 '능률'과 '효율'이다. 사람을 판단할 때 우선하는 기준도 능력이다. 묵묵하고 성실한 태도보다는 효율성을 더 높게 보는 것이다. 따라서 무조건 외우라는 식의 비효율적인 학습 방법을 아이에게 강요하지 않는다. 궁금한 게 생기면 대충 넘어가거나 포기하지 않고 끝까지 알아보는 소음인의 끈기는 아이의 학습 태도에 긍정적인 영향을 미친다.

사람을 판단하는 기준이 능력인 만큼 자기 아이의 능력에도 지나치리만큼 관심이 많다. 아이가 공부를 잘하면 덩달아 자긍심이 높아지고, 아이가 공부를 못하면 자기 실력인 양 창피해하는 정도가 지나친 것도 소음인 부모다. "우리 아이는 이건 잘하고 저건 못한다"라는 식의 능력 평가에만 관심이 쏠려 있다. 아이의 정서, 발전 가능성, 운동, 건강 등을 종합적으로 고려하지 않고 오로지 지적 능력, 즉 공부를 잘하느냐 못하느냐에 촉각을 곤두세운다.

한편으로 소음인 부모는 기분파다. 기분 좋은 일이 생기면 신나게 일하다가도 자존심이 상하면 삐딱한 고집불통으로 변한다. 아이의 조그만 잘못에도 쉽게 짜증을 낸다. 아이 교육 역시 마음이 내키면 지나치다 싶게 몰두하고, 싫으면 나 몰라라 하는 식이다. '기분파'라는 것은 다시 말해 감정 조절이 원활하지 않다는 뜻이기도 하다. 언행에 중간이 없어서 아이가 헷갈리기 쉽고, 이런 경향이 강해지면 야무지다는 인상은 줘도 믿음을 주기는 힘들다.

소음인 부모는 모든 면에서 자존심이 강해 내 아이는 잘나야 한다는 강박적인 생각에 조기교육에도 관심이 높다. 그래서 평판 좋은 학원 등을 무리하게 고집하기도 한다. 인간관계를 맺을 때도 마음속으로 능력에 따라 서열을 짓기도 한다. 아이에게 입히는 옷, 보내는 학원까지도 자신의 높은 기준에 맞추려 한다. 그리고 상대가 필요로 하는 것이 아니라 자기가 챙겨주고 싶은 대로 주는 것을 배려라고 착각하기 쉽다.

소음인은 효율을 따지다 보니 몸으로 시간을 보내는 행동을 가볍게 여기는 편이다. 자녀교육에서도 몸으로 놀아주고 아이 체력을 길러주는 시간이 부족해지기 쉽다. 이를 보완하고 지나친 자기확신만 내려놓을 수 있다면, 경청의 자세와 논리적인 설득력을 통해 아이를 올바로 키워내는 좋은 부모가 될 수 있다.

소음인 부모 vs 소음인 아이

소음인 부모와 소음인 아이는 같은 사고 기능을 사용하기 때문에 기본적인 의사소통이나 학습 지도에 큰 어려움이 없다. 부모도 아이도 모든 걸 논리로 받아들이고 논리로 풀어나가므로 설명만 잘해주면 된다.

　문제는 소음인 부모의 조급함과 눈높이다. 아이가 더 느린 것은 당연한데 기대치에 잘 따라오지 못한다 싶으면 짜증을 많이 낸다. 부모가 아이를 통해 대리 만족하려는 욕구가 강할수록 아이도 부모도 힘들어질 수밖에 없다. 아이가 부모의 기대에 부응하지 못한다 생각하면 아예 학습을 포기하거나 삐딱한 태도로 반항하기도 한다.

　소음인 부모는 '눈높이 지도'가 가장 어려운 유형이다. 소음인은 체질상 입장을 바꿔 생각하는 '역지사지'의 태도를 취하기가 어렵다. 아이의 눈높이에 맞추기보다 내가 아는 수준에서 가르치려 한다. 부모가 설명한 방법을 아이가 이해하지 못하면 다른 방법으로 다시 설명해야 하는데, 그런 유연함이 부족하다. 부모는 부모대로 답답하고 아이는 아이대로 속이 탄다.

소음인 부모 vs 태음인 아이

　소음인 부모가 보기에 태음인 아이는 한없이 느려 보인다. 말뜻도 빨리 못 알아듣고 행동도 굼떠서 소음인 부모 입장에서는 더 조급해지기 쉽다. 부모는 사고가, 아이는 감각이 주 기능이기 때문이다. 부모가 논리에 맞게 딱딱 설명해주면 아이 역시 곧바로 받아들일 수 있어야 한다고 생각한다. 그러나 태음인 아이는 논리가 아닌 감각으로 받아들인 다음에 생각을 한다. 부모가 아이를 다그치며 몰아세울 경우 자녀교육에 실패하기 쉬운 조합이다.

　태음인 아이에게 소음인 부모가 갖는 큰 불만 가운데 하나는 표현을 하지 않는다는 것이다. 부모는 사고 성향이라 불만이 있으면 어떤 식으로든 표현한다. 하지만 태음인은 어린 나이에도 되도록 상대에게 맞춰주려는 성향이어서 불만이 있어도 일단 속으로 삭인다. 그러다 나중에 더 큰 문제가 생겼을 때에야 울컥 하며 표현한다. 이때 소음인 부모는 "왜 그때 진작 말하지 않았느냐"라며 아이를 원망한다. 이렇듯 소음인 부모는 태음인 아이의 마음을 이해하기 어렵다.

태음인 아이는 시작이 느릴 뿐 반복을 통해 학습이 좋아진다는 것을 이해할 필요가 있다. 만약 부모 기준에만 맞춰 다그친다면, 아이는 더욱 소극적으로 마음을 닫고 자신감을 잃어 움츠러들게 된다.

소음인 부모 vs 소양인 아이

소음인 부모에게 소양인 아이는 뭐든 금방 알아듣는 이해력 좋은 아이다. 하지만 집중하는 시간이 짧고 산만한 아이의 행동에 부모는 체력의 한계를 느끼기도 한다. 대체로 머리로 해결하려 하고 움직이는 것을 싫어하는 소음인 부모는 소양인 아이의 외향적인 다양한 욕구를 채워주기에 역부족이다. 소양인 아이는 몸으로 배우고 바깥에서 체험하길 원하는데, 소음인 부모는 아이를 책상에만 앉혀놓고 머리에 지식이나 논리를 채우려 하기 때문에 갈등을 빚기 쉽다.

체질만 알아도
성적이 10%는 올라간다

Chapter 1

아이의 타고난
우월 기능에 집중하라

*태양인은 1만 명당 2~3명 정도의 인구 분포로 그 사례가 많지 않으므로
관련 내용을 생략합니다.

자기주도학습 비결은
우월 기능에 있다

오른손잡이로 태어난 아이는 오른손을 쓰는 것이 더 편하다. 장난감이나 공을 가지고 놀 때 오른손이 더 빠르고 정교하게 작동한다. 수저를 사용하는 것도, 연필을 잡는 것도, 타고난 대로 오른손을 쓰도록 훈육하는 것이 가장 효과적이다. 왼손잡이라면 반대다.

그런데 학습이 다양해질수록 한 손만 쓰기보다는 양손의 협력이 필요한 경우가 많아진다. 포크와 나이프를 동시에 들어야 하고, 가위질을 할 때나 자를 대고 줄을 그을 때도 두 손을 모두 써야 한다. 이처럼 오른손잡이라도 살아가면서 왼손을 함께 쓸 일이 점점 늘어난다.

인간의 타고난 정신 기능에 따른 체질학습도 마찬가지다. 인간의 정신 기능은 앞서 말했듯이 크게 네 가지로 나뉜다. 분석심리학자 칼 융은 직관·감정·감각·사고로, 사상의학자 이제마는 태양·소양·태음·소음으로 분류했다.

인간은 누구나 이 네 가지 기능 가운데 체질별로 한 가지를 우월 기능으로, 그 반대의 기능을 열등 기능으로 타고난다. 예를 들어 태음인이라면 감각이 우월 기능, 직관이 열등 기능이다. 그리고 감각 기능과 가장 유사한 속성인 사고가 제2기능이 되고, 나머지 감정 기능은 제3기능이 된다. 그러므로 태음인은 '감각 〉 사고 〉 감정 〉 직관'의 순서로 우열이 가려진다.

또 다른 예로 소음인은 사고가 우월 기능이고 감정이 열등 기능이다. 여기에 제2기능은 사고와 가장 유사한 내향 기능인 감각이 차지한다. 즉 '사고 〉 감각 〉 직관 〉 감정'의 순서대로 우열이 가려진다. 이를 정리하면 오른쪽의 그림과 같다.

이 순서가 가장 이상적인 정신 기능의 분화 발달 과정이다. 예를 들어 태음인은 태어나면서부터 감각 기능은 원만하게 발달하지만 직관 기능은 40, 50세가 넘도록 배우고 노력해도 겨우 보완이 되는 정도다. 태음인에게 사고 기능은 제2기능으로, 감각 다음으로 원활하게 배우고 습득할 수 있다. 결국 태음인은 10세 미만에는 감각 기능을 중심으로 사용하고 사고 기능을 주요 보조 수단으로 사용하면서 학습해나갈 때 가장 원만한 정신 구조를 형성할 수 있다. 그리고 청년기와 장년기를 거치면서 제3기능인 감정 기능을 보완하면, 마지막으로 장년기와 노년기에는 직관 기능도 보다 원활해진다.

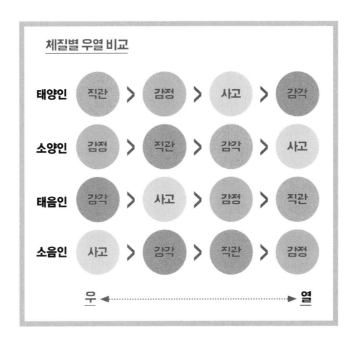

이 같은 발달 순서에 관해서는 융과 이제마의 주장이 일치한다. 즉 우월 기능부터 열등 기능의 순서대로 정신 기능이 발달하는 것을 가장 무난한 형태로 본다. 하지만 모든 사람이 이 구조대로 분화하고 발달해가는 것은 아니다. 태음인으로 태어나도 어린 시절에 직관 기능을 먼저 형성하는 경우도 있다. 그러나 우열의 순서대로 발달하는 경우보다 삶의 긴장도나 정신 구조의 불안정성이 훨씬 높아지고 콤플렉스도 많아진다.

정신 기능이 우열의 순서대로 발달하지 않는 이유는 다양하다. 주로 10세 미만의 성장 환경과 부모의 체질이 영향을 미친다. 예를 들어 양육자가 아이에게 무관심하거나, 주 양육자가 자주 바뀌거나, 유기된 아이들은 후천적으로 적절한 정서 자극을 받지 못한다. 이럴 경우 아이들은 스스로 살아남기 위해 직관 기능을 우선적으로 발달시킨다. 그래서 성장한 뒤에도 타인을 잘 믿지 못하며, 신뢰해야 할 상대일수록 더욱 의심하고 시험하려는 성향이 강해진다. 한편 독립적인 성향을 강하게 보이지만, 늘 긴장하고 의심해야하기에 정서적인 안정성은 크게 떨어진다.

또 양육자가 자기 기분에 따라 칭찬하거나 야단치는 등 일관된 훈육을 하지 않으면 아이는 감정 기능을 먼저 사용하게 된다. 부모의 기분을 재빨리 파악해야 살아남을 수 있기 때문이다. 이런 아이들은 성장한 뒤에도 대인관계에서 상대의 비위를 맞추려고 지나치게 노력하거나, 만만한 상대다 싶으면 자기 기분대로 좌지우지하려 한다. 또 무슨 일이든 스스로 하기보다 다른 사람에게 의존하는 성향을 보인다.

이처럼 타고난 정신 발달 과정의 순서대로 분화가 이루어지지 않으면 콤플렉스가 많은 인성이 형성되고, 삶 전반에 걸쳐 심리적인 긴장과 불안이 심해진다. 그러므로 학습 자극 역시 이 순서대로 진행되어야 한다. 결론 삼아 말하자면 타고난 본성이 기본 틀을 형성해 어느 정도 안정감을 갖게 되면, 그다음으로 수월하게 사용할 수 있는 정신 기능을 통해 협동 작업을 해나가야 가장 안정적인 학습과 인성 발달이 가능해진다.

왼손잡이로 태어난 아이에게 숟가락질과 연필 잡는 법을 가르쳐야 한다면 어떻게 해야 할까? 당연히 왼손을 쓰는 방법부터 가르쳐야 한다. 그래야 세상에서 경험하는 첫 학습에 무리 없이 적응한다. 만일 무리해서 오른손부터 쓰게 한다면 학습 집중력이 떨어지고 에너지가 많이 소비될 것이다. 즉 초등 저학년까지는 타고난 본성에 충실한 학습을 통해 아이의 강점을 최대한 살려 공부 습관을 키워줘야 한다.

자기주도학습 역시 이와 마찬가지다. 타고난 대로 우월 기능을 자연스럽게 사용할 수 있도록 배려해줘야 자기주도학습이 가능하다. 그래야 중학교와 고등학교에 가서도 학습 능력이나 성취동기가 강해진다.

만약 아이의 타고난 체질대로 훈육이나 학습이 이루어지지 않으면, 초등 저학년까지는 부모가 원하는 대로 아이가 성장하는 듯 보이지만 사춘기가 되면서 부작용이 급속도로 드러난다. 처음에는 아이의 학습 속도가 느리다고 생각될지라도 우월 기능을 살리는 학습에 초점을 맞춰야 하는 이유다.

우월 기능을 활용한
외국어 학습

우월 기능을 활용한 체질학습을 각 과목별로 어떻게 적용할 수 있을까. 외국어 학습을 예로 들어보자.

태음인

외국어를 공부할 때도 태음인은 반복 노출이 우선이다. 처음부터 문법을 따지고 이해하기보다는 일단 많이 듣고 반복하는 훈련이 감각 기능을 활용하는 체질학습법이다. 누구나 외국어를 계속 듣다 보면 조금씩 말이 트이는데, 태음인 아이는 듣기부터 말하기까지의 간격이 다른 체질보다 길다고 보면 된다. 내용을 충분히 받아들일 때까지는 당장 실력이 늘지 않는 것처럼 보일 수 있다.

그러나 때를 기다려주고 계속 반복하면, 태음인 아이는 받아들인 내용을 활용해 사고를 시작한다. 저장된 내용을 조금씩 꿰맞춰 나간다. 이 과정에서 재촉하지 않고 자신감을 심어주면 학습에 점점 더 속도가 붙는다. 처음부터 빠른 이해나 말하기 연습을 독촉하면 자칫 과부하가 되어 자신감을 잃을 수 있다. 입 밖으로 빨리 꺼내도록 요구하는 회화 학습은 진도가 빨라지면 긴장을 많이 하게 되고 겁을 먹어 자신감이 떨어진다. 옷감에 염료가 천천히 스며들 듯, 눈과 귀에 외국어가 조금씩 익숙해질 때까지 기다려줘야 한다.

태음인 아이는 현재보다 한 걸음씩만 나아가게 하는 것이 가장 중요하다. 두 계단 이상 올라서게 하면 겁을 먹는다. 원래 자리로 내려와 다시는 올라가지 않으려 한다. 아이의 수준보다 두 단계 이상 뛰어넘는 학습은 금물이다.

소양인

소양인 아이는 처음 본 것도 빠르게 이해한다. 한두 번 본 것도 그 특징을 잘 찾아내 금방 흉내 낸다. 태음인 아이가 듣기 위주의 학습으로 자신감을 얻은 뒤 말하기 연습을 하는 게 순서라면, 소양인 아이는 듣기와 말하기를 거의 동시에 가르쳐도 상관없다. 그리고 문법부터 가르치기보다는 상황에 따른 대화 연습부터 시작하는 것이 좋다.

감정 기능이란 자신의 내부가 아니라 상대방과 주변으로 향하는 에너지다. 경쟁자가 있어야 성취동기가 유발되고 학습에도 도움이 된다. 그런데 소양인 아이의 단점은 이미 알고 있는 것을 똑같이 반복하면 금방 싫증을 낸다는 것이다. 또 상대가 나보다 실력이 처진다 싶으면 경쟁심을 느끼지 못한다. 소양인 아이는 실력이 비슷하거나 한 단계 높은 사람과 함께 공부하면 승부욕에 자극을 받는다. 새로운 것에 도전할 여건을 만들어주는 것이 소양인 아이 학습법의 관건이다.

소음인

소음인 아이는 관용구나 예외적인 표현이 많은 분야인 언어 영역에서조차 원리를 따지길 좋아한다. 무조건 외우는 것보다 어느 정도 문법을 따져가면서 공부하는 것이 효과적이다. 사고 기능이란 컴퓨터 연산장치와 같다. 손으로 쾅쾅 두드려서는 컴퓨터 연산장치가 제대로 돌아가지 않는다. 반드시 논리적으로 수긍해야 다음 단계로 넘어갈 수 있다.

외국어를 공부할 때도 소음인 아이는 나름의 원칙과 적용 방식에 대해 설명하면서 가르쳐야 잘 따라온다. 반대어나 동의어를 함께 묶어서 가르치거나, 목적어를 바꿔가면서 다른 문장으로 대체하거나 응용하며 원리에 입각해 가르쳐야 흥미와 학습 동기가 유발된다. 이런 과정에서 어느 정도 자신의 틀을 만든 뒤에 상대와 함께 대화 연습을 해나가는 것이 순서다.

소양인 아이의 외국어 학습법이 '선 회화, 후 문법'이라면, 소음인 아이는 '선 문법, 후 회화'라고 할 수 있다. 나름대로 틀을 형성한 뒤 실전 연습을 통해 아는 것을 한 번 더 확인하는 방법이 소음인 아이의 우월 기능을 살리는 외국어 체질학습법이다.

아이의 열등 기능을 인정하라

필자보다 젊은 외국인이 한국말로 "강 선생, 너 밥 먹었어?"라고 말한다면 듣는 기분이 어떨까? 한국말을 곧잘 하는 외국인도 한국어의 고유한 존칭 표현을 어려워하는 경우를 많이 본다. 이를 잘 알기에 외국인이 존칭을 엉터리로 말했다고 해서 기분이 상하지는 않는다. 그러나 한국인이 똑같이 엉터리로 말했다면 그냥 들어 넘기지 못할 것이다.

정신의 우월 기능과 열등 기능도 이와 비슷하다. 영국 사람에겐 영어가, 한국 사람에겐 한국말이 우월 기능인 것처럼, 인간의 정신 기능 역시 모국어처럼 고유한 우월 기능을 타고난다. 게다가 똑같이 한국말을 사용해도 체질이 다르면 관점이나 생각이 달라질 수 있다. 각자 자기 체질에 따라 호불호가 다르고, 중요하게 여기는 것도 다르다.

이렇게 만인이 다르고 만사가 다른 세상에서 자기 생각이 세상의 중심인 양 행동하면 어떻게 될까. 갈등이 생긴다. 남들도 다 그렇게 여길 것이라 착각하는 데서 인간관계의 갈등이 생기고, 학습에도 어려움을 겪게 된다.

일례로 감정 기능을 우월하게 타고난 소양인이 감정 기능이 열등한 소음인에게 "당신은 상대방 기분을 왜 그리 파악하지 못하느냐"라고 따지는 것은 마치 한국인이 영국인에게 한국어 존대법을 왜 그렇게 모르느냐고 몰아세우는 것과 같다. 그렇게 야단치고 다그친다고 영국인이 한국말을 좀 더 잘하게 될까. 그럴 리 없다. 오히려 존칭이 너무 어려워 스트레스만 받다가 한국어 공부를 포기해버릴지도 모른다. 가장 중요한 의사소통은 모국어로 하고 제2, 제3, 제4의 외국어를 하나씩 배워나가듯, 타고난 우월 기능을 바탕으로 부족한 기능을 보완하며 학습하는 것이 체질학습의 기본이다.

예를 들어 어떤 사람이 한국어 〉영어 〉일본어 〉아랍어의 순서로 실력의 우열이 정해졌다면, 우선은 한국어로 다양한 학습을 하는 것이 효과적이다. 그러다 점점 영어, 일본어의 순서대로 실력을 넓혀나가야 한다. 아랍어는 맨 마지막에 배우는 것이 좋고, 실력이 는다 해도 평생 한국어나 영어만큼 잘하기는 어렵다.

열등 기능을 당장 보완한다는 것은 불가능하다. 열등 기능은 40, 50세가 넘어야 조금씩 보완되기 때문이다. 소음인이 남들의 감정과 기분을 헤아리고 배려하기란 무척 힘에 겨운 일이다. 반대로 소양인이 하나의 논리를 파고들어 뚜렷한 결론에 도달하는 꼼꼼함을 발휘하는 것 역시 매우 어렵다. 태음인이 낯선 환경에서 직관적으로 빠르게 판단을 내리기까지는 다양한 경험과 오랜 시간이 필요하다. 반대로 태양인이 무언가를 꾸준히 반복하며 주변 사람들을 기다려주기에는 타고난 성격 자체가 한없이 급하다.

그런데 문제는 아이들의 타고난 기능이 발휘되는 때를 부모들이 기다려주지 못한다는 점이다. 아이가 열 살이 되기도 전에 주변에서 좋다는 학습법을 내 아이의 우월 기능이나 열등 기능은 고려하지도 않고 강행한다. 또 조기 교육이라는 미명으로 여러 학습법을 무차별적으로 적용하려 한다. 아이의 마음결은 들여다보지 않고, 학습법에 내 아이를 맞추려 드는 것은 위험한 일이다. 한국어도 서툰 어린아이에게 아랍어까지 통달하라고 윽박지르는 꼴이다. 어릴 때부터 아이의 열등 기능을 먼저 자극하면 보완되기는커녕 심리적인 상처와 좌절감만 평생 각인된다.

태음인

태음인 아이에게는 빠르게 이해해야 하는 학습 환경이 좋지 않다. 태음인 아이들에게 절대 요구하지 말아야 할 태도가 '빨리빨리'다. 학습이나 인지 능력이 아직 늦된 상태에서 부모가 서두르면 아이의 긴장이 심해져 더 굼뜨고 겁이 많아진다. 이것이 반복되면 점점 말수가 줄어들거나 자신감이 부족한 아이로 변할 수 있다. 태음인 아이는 새 친구에게 적응하는 데도 오래 걸린다. 매사에 조심성이 많을 뿐인데, 부모가 이를 다그치고 엄하게 대하는 것은 바람직하지 않다. 어릴 때 받은 심리적인 상처가 어른이 되어 공황장애나 우울증의 원인이 되기도 한다.

콘크리트로 둘러쳐진 변화무쌍한 현대사회는 특히 태음인 아이들이 살아가는 데 크나큰 난관이다. 산과 들과 운동장에서 신나게 뛰어놀면서 몸으로 배우는 것이 태음인 아이에게 효과적인 학습법이지만 이를 추구하기가 현실적으로 어렵기 때문이다.

소양인

소양인 아이에게 공부 습관을 들이겠다고 좁은 공간에서 반복 학습을 시키거나 학원에 규칙적으로 다니게 하는 것은 바람직하지 않다. 소양인에게 논리 추론 공부나 반복 암기를 강요하는 학습은 그야말로 독이다. "한곳에 조용히 있어라" "책 좀 읽어라"라며 학습을 종용하는 것도 좋지 않다.

이는 소음기운, 즉 소양인의 열등 기능인 사고가 확장되어야 가능한데, 앞서 말했듯이 열등 기능은 40, 50세가 지나서야 조금씩 확장된다. 이처럼 소양인에게는 한없이 어려운 일을 부모 욕심에 강요하면 아이는 상처만 받고 학습 성취도 어렵다. 과외를 하듯 부모가 직접 가르치는 1:1 학습도 소양인 아이의 열등한 사고 기능을 더욱 자극하는 방법이니 좋지 않다.

소음인

소음인 아이는 분위기를 파악하고 그에 맞게 적절히 행동하는 감정 기능이 열등하다. 자기 생각이나 결론이 생기면 좀처럼 타협하지 못한다. 자기가 하고 싶고 하기 싫은 것이 결정되었는데 이를 못하게 하거나 억지로 시키면 아이는 크게 스트레스를 받는다. 무엇보다 아이의 진심을 파악하는 것이 중요하다. 아이가 내키지 않아하는 것을 부모가 강하게 밀어붙이는 일은 절대 피해야 한다.

어차피 소음인 아이는 억지로 시킨다고 따르지 않는다. 해봤자 결과물이 뻔하다. 똑같이 한 시간을 공부해도 내켜서 할 때는 성취도가 매우 높지만, 억지로 할 때는 싫은 내색만 할 뿐 아무 성과가 없을 정도로 그 편차가 심하다. 이는 소음인이 감정을 제대로 제어하지 못하기에 나타나는 현상이다. 소음인 아이는 자기 마음이 동할 때까지 내버려두는 것이 좋다.

또 한 가지, 소음인 아이의 때 이른 단체 생활은 바람직하지 않다. 어린이집이나 유치원에서의 단체 생활은 선생님과 친구들의 생각을 읽고 분위기를 파악하는 감정 기능이 요구된다. 그런 만큼 감정 기능이 열등한 소음인 아이에게는 단체 생활이 큰 어려움일 수 있다. 따라서 소음인 아이가 단체 생활에 잘 적응하지 못할 때는 혼자서 놀고 학습하게 하는 것이 좋다.

아이들의 제각각 타고난 열등 기능을 바라볼 때는 어른들의 너그러운 시선이 필요하다. 열등 기능은 40, 50세가 되어서야 조금씩 보완할 수 있는 기능임을 잊지 말아야 한다. 타고난 마음결대로 자라는 아이에게 이를 거스르고 "무조건 해라" "무조건 극복해라"라는 식으로 밀어붙여서는 안 된다. 그럴 경우 타고난 우월 기능마저 빛을 발하지 못하게 된다. 이는 무의식중에 상처로 각인되어 학습 능력을 확장하고 바른 인격을 형성하는 데도 장애가 된다.

태음인, 새로운 도전을
겁내지 마라

태음인의 체질학습과 관련해 주의할 것은 '겁심怯心'이다. 태음인은 과거의 자극을 기억하는 능력은 우월한 반면, 익숙한 과거의 것에 안주하려 하고 새로운 것을 겁내는 체질이다. 특히 과거 경험의 결과가 안 좋았다면 그와 비슷한 상황만 마주해도 일단 긴장하고 두려워한다. 현재의 문제가 분명 과거의 실패나 상처와는 별개의 것임에도, 문제를 차근차근 따져볼 엄두를 내지 못한다. 그리고 겁에 질린 나머지 실제 어려움보다 더 크게 문제를 받아들인다.

이때 태음인이 취하는 심리적 태도를 사상의학에서는 '거처居處'라고 표현한다. 늘 익숙한 안방에 틀어박혀 거처하려 한다는 뜻이다. 외부의 어려움에 직면하면 혼자 숨어버리는 심리상태를 이르는 말이다. 겁심이 심해지면 문소리만 나도 깜짝깜짝 놀라고 가슴이 두근거리는 신체 증상을 보이기도 한다. 치열한 취업의 관문 앞에서 독립을 미루고 여전히 부모 품 안에서만 맴돌려고 하는 캥거루족이나 피터팬 증후군 등은 어릴 때 지나친 과보호나 그 반대의 상처로 인한 겁심에서 비롯된 것이다.

수영장 다이빙대에 비유해보자. 어린아이들도 1미터 정도의 높이에서 뛰어내리는 건 즐거워한다. 제 발로 물에 뛰어들어 참방참방 잘 논다. 그런데 부모가 갑자기 3미터 높이에 올라서게 한다면 어떨까? 태음인 아이의 경우 무서움을 느낀다면 얼른 내려오게 해야 한다. 이때 부모가 아이의 공포감을 무시하고 무조건 뛰어내리라며 등을 떠민다면 아이는 무의식 속에 겁심이 강하게 자란다.

3미터에서 겁에 질려버린 아이는 그동안 잘 뛰어내리던 1미터로 되돌아와도 물 자체가 무서워서 뛰어내리려 하지 않는다. 자신감을 잃었기 때문이다. 선행학습과 조기교육의 폐해가 발생하는 것도 이와 같은 맥락이다. 이는 틱 장애나 학습 우울증, 강박증 등의 병으로 이어진다.

그런데 문제는 부모 스스로 그 정도를 지나쳤음을 깨닫지 못하는 경우다. 태음인은 겁에 질려도 겁이 난다고 표현하지 않는다. 일단은 더 무서운 부모의 지시에 순응하려 애쓴다. 겉으로 전혀 드러내지 않고 마음속으로만 버티기 때문에 부모가 짐작도 못 하는 경우가 많다.

학교에 적응을 하지 못해 우울증을 겪다가 자퇴한 중학생이 있었다. 표면적인 이유는 친구 관계였지만, 실질적인 이유는 어릴 때

143

부모와의 관계에서 키운 겁심 때문이었다.

무엇보다 중요한 것은 1미터 높이에서의 아이의 표정과 눈빛이다. 그 지점에서 아이의 자신감을 확인해야 한다. 그런 다음 "그럼 이제 2미터 높이에 올라가볼래?"라고 아이의 의사를 물어봐야 한다. 아이가 주저한다면 아직은 더 기다려야 한다. 만약 아이가 동의한다면 잘할 수 있을 거라고 격려해주고, 3미터가 아닌 2미터로 유도해야 한다. 2미터에 잘 적응하면 다시 칭찬해주고, 어려움을 겪으면 언제든 내려와도 좋다고 말해줘야 한다.

"그까짓 것도 못하느냐"라는 식의 무시하는 태도가 은연중에 전달되면 아이는 점점 자신감을 잃는다. 2미터에 올라갔다가 무섭다고 내려온 아이는 다시 1미터에 갔을 때 금방 적응한다. 때가 될 때까지 기다려주면 언젠가 스스로 2미터에 올라가겠다고 말한다. 이때 성취하면 아이는 자신감을 갖고 스스로 3미터에 도전한다. 부모가 제 욕심에 단계를 건너뛰고 우격다짐으로 재촉하면 아이는 3미터 높이까지 올라가기 위해 훨씬 긴 과정과 시간이 필요하다.

중학생 A군은 학습 우울증을 앓고 있었다. A군의 부모는 상위권 성적인 아들이 좀 더 공부를 잘해줬으면 하는 욕심에 좋은 학군을 찾아 이사까지 강행하며 아이를 경기도에서 서울 강남으로 전학시켰다. 처음에는 아이도 잘해보겠다고 열심히 공부했지만, 이전 학교와 학력 격차가 심한 것에 겁을 먹어버렸다. 1미터 높이에서는 곧잘 뛰었는데 갑자기 4, 5미터 되는 곳에 올라와버린 것이다. 모범생이던 아이가 공부에 점점 관심을 잃고 또래 친구들과 일탈 행위를 하게 되면서 부모와의 갈등도 심해졌다.

태음인은 내실은 기하지 않고 오로지 겉만 치장해 서둘러 주변 사람들에게 인정받으려는 '치심偈心' 또한 주의해야 한다. 무던하고 성실하게 노력해야 서서히 그 진가가 드러나는 법인데, 노력은 귀찮아지고 인정받고 싶은 마음만 앞설 때가 있다. 치심은 '허세'라는 단어와도 상통한다. 상대에게 무시당하지 않을까 하는 두려움에, 속으로는 겁을 내면서도 겉으로는 센 척, 공격적인 척, 외향적인 척한다. 건들거리는 태도나 시비조의 말투도 치심에서 비롯된 태도라고 할 수 있다.

청소년기 이전에 치심이 강해지면 차분한 학습은 말 그대로 물 건너간 셈이다. 다른 사람을 의식하느라 공부에 집중하지 못하기 때문이다. 다른 사람에게 인정받는 데 급급한 나머지 허풍을 떨게 되고, 공부로 허풍을 떨다가 잘 안 되면 결국 다른 분야에서 튀고 싶어한다. 컴퓨터게임 중독, 연예인 추종, 멋 내기, 그 밖의 일탈 행동 등도 치심이 강해지면서 나타나는 흔한 현상 가운데 하나다.

이는 어릴 때 부모의 훈육 태도와 연관이 있다. 기분에 따라 어떤 때는 야단맞을 일도 칭찬하고, 또 어떤 때는 칭찬받을 일도 야단치는 부모가 있다. 일관성 없는 훈육 아래 자란 아이는 눈치를 많이 보다가 치심이 나타나기 쉽다. 또 부모가 남들 시선을 지나치게 의식해 단기 성과 위주의 가치관을 주입할 경우에도 아이들이 치심을 갖게 된다.

소양인, 시작보다 끝이 좋아야 박수받는다

소양인은 짧게 본 것도 잘 기억하고 순간 판단력과 이해력이 좋다. 태음인이 이해하고 판단하는 데 한참 걸리는 것도, 소양인은 금방 이해하고 암기해버린다. 논리를 따지지 않고 마치 사진 찍듯 눈으로 스캔해 암기하는 식이다. 문제는 이렇게 외운 것이 오래 지속되지 않는다는 것이다. 쉽게 얻은 것은 쉽게 잃어버리는 것과 같은 이치다. 그리고 이렇게 빛을 발하는 재능 때문에 평소의 꾸준한 노력은 소홀해지기 쉽다.

태음인 아이가 시험 일주일 전부터 학습에 돌입한다면, 소양인 아이는 내내 놀다가 시험 하루 전에야 바짝 공부한다. 그런데도 성적은 소양인 아이가 좋은 경우가 많다. 결과가 좋으니 소양인 아이는 굳이 서둘러야 할 필요를 못 느낀다. 하지만 시험 범위가 넓으면 단점이 드러난다. 많은 시간의 학습을 요하는 시험 범위는 순발력만으로는 극복하기 어렵기 때문이다.

소양인 아이는 공부하기 싫을 때 머릿속으로는 '해야지, 해야지' 하면서도 막상 행동은 하지 않는다. 미루고 미루다가 시간이 임박해서야 어쩔 수 없이 후다닥 위기를 넘기려 한다. 하지만 기말 시험이나 입시는 며칠 밤을 새우는 것으로는 해결하기 어렵다. 그런데도 소양인은 벼락치기가 습관이 되어 공부를 시작할 엄두를 못 낸다. 시험 결과는 심히 걱정되지만 계속 미루며 버티는 것이다. 버티는 동안 마음은 시쳇말로 똥줄이 타들어간다. 사상의학에서는 이를 '구심懼心'이라고 한다.

다른 체질에 비해 소양인은 필연적으로 구심이 많이 생길 수밖에 없다. 순간의 위기만 모면하려 하고 무언가를 성실하게 해나가려는 마음이 적다 보니, 결과를 받아들일 시점이 다가올수록 두려움이 커진다. 소양인의 공황장애나 건망증은 구심이 심해질 때 발생한다.

소양인 아이가 학습을 꾸준히 하게 하려면 일정 기간마다 성취 목표와 결과를 세분화하고 도표화해주는 것이 좋다. 즉 기말고사 범위를 한꺼번에 공부하는 게 아니라 일주일 단위의 학습 목표량을 정하고, 그에 따른 중간 결과를 계속 체크하는 습관이 필요하다.

소양인은 '과심誇心'과 '나심懦心'도 주의해야 한다. 과심은 한마디로 과장하려는 마음이다. 소양인은 외부의 시선을 많이 의식한다. 내 생각이 어떤가보다 남들이 나를 어떻게 보는가가 더 중요하다. 즉 가치 판단의 결정적인 기준이 내 생각이 아니라 외부의 시선이다. 소음인은 이와 정반대다. 소양인은 자신의 심리적인 게으름과 노력 부족을 은근슬쩍 감추기 위해 과장을 한다. '그럴듯하게 거짓말을 한다'라고 할 수 있다.

아이들도 마찬가지다. 소양인 아이는 부모의 눈치를 살피고 기분을 맞추면서 자신의 책임이나 꾸중을 최소화해 슬쩍 넘어간다. 과심이 지나치면 가벼운 사람이라는 인상을 주고 허풍쟁이로 낙인찍혀 주변의 신뢰를 얻지 못한다. 외부 시선에 집중하느라 학습 능력은 떨어질 수밖에 없다.

소양인 아이들은 잘못을 하거나 위기를 모면하려 할 때 주로 나심을 드러낸다. 나심은 자신을 불쌍해 보이도록 해서 상대방이 나무라지 못하게 만드는 자기 연민의 마음이다. "나는 한다고 했는데, 아무도 내 노력을 알아주지 않는다"라는 식이다. 소양인 아이는 마음의 게으름인 나심과 과심이 강해질수록 학업 성취와는 점점 멀어진다. 그러므로 이럴 때는 따끔하게 혼내야 한다. 다만 부모의 기분에 따라 훈육 원칙이 바뀌는 것만은 가장 경계해야 한다. 부모가 엄격한 원칙을 지키지 않으면 소양인 아이는 학습에 집중하기 어렵다.

또한 한국의 교육 제도는 고등학교 시기까지는 대체로 감각과 사고 기능에 유리한 방식을 사용한다. 즉 소양인에게는 열등 기능 위주다. 따라서 어릴 때도 소양인의 우월 기능인 감정이나 직관 등을 적절히 살리는 교육의 기회를 만들어주어야 한다.

소음인, 섣부른 판단과
선입견을 경계하라

소음인의 마음이 게을러지면 '탐심貪心'이 나타난다. 소음인이 우월 기능인 사고를 잘 활용하면 논리의 비약이 없는 올바른 판단력인 '식견識見'이 형성된다. 그런데 식견을 얻기 위해 일일이 따지고 추론하고 근거를 찾아보기 위해서는 많은 노력이 필요하다. 새롭게 배우고 확인하는 이 과정의 고단함을 모면하려 잔꾀를 부리는 것이 바로 탐심이다.

탐심을 갖게 되면 정보나 지식을 제멋대로 엮어서 전혀 엉뚱한 결론을 내린다. '대충 이런 걸 거야'라며 마음대로 정리해버린다. 그래놓고 남들에게도 확신에 가득 차서 말한다. 아이들이 동화책을 읽을 때 모르는 단어가 나와도 아는 척 그냥 넘어가는 것과 같다. 이는 모든 체질에 나타날 수 있지만, 특히 소음인에게 잘 나타나는 심리다.

탐심이 강해지면 바르게 궁리하고 부지런히 배우려는 마음이 게을러진다. 그래서 궤변으로 자신의 행동이나 생각을 합리화하게 된다. 틀린 것을 지적해줘도 말대답하면서 끝까지 우기고 어깃장을 놓는다. 선생님이나 다른 사람들이 바르게 가르쳐줘도 쉽게 받아들이지 못한다. 간혹 진료실에서도 탐심이 강한 소음인 환자들을 만나곤 한다. 그들은 자기가 의사인 양 스스로 진단을 하고 의사의 말은 귀담아듣지 않는다.

탐심이 강한 소음인은 자기 식대로 하려는 고집을 버리지 못해 학습 발달이 더딘 편이다. 따라서 어려서부터 마음대로 개념을 정의하거나 대충 넘겨짚는 습관이 있다면 바로잡아주어야 한다. 이런 아이들은 야단치는 투로 지적하면 더 엇나가려 한다. 아이의 자존심이 다치지 않게 차근차근 설명하면서 아이가 넘겨짚은 내용이 사실과 다른 부분을 받아들이도록 도와주어야 한다.

소음인은 '긍심矜心'도 주의해야 한다. 긍심은 내 생각만 옳고 내가 남들보다 잘났다는 마음을 뜻한다. 소위 자긍심이 지나치면 대인관계에 어려움을 겪는다. 당연히 주변 사람들과 갈등도 늘어난다. 아이들의 경우 자긍심이 과하면 또래 친구들과 마찰을 일으켜 학교에서 왕따를 당하는 원인이 되기도 한다.

긍심이 강해지면 결국 자존심에 상처 입을 일도 많아진다. 소음인은 자존심에 상처 입는 것을 죽기보다 싫어한다. '내가 틀렸다' 혹은 '내가 능력이 없다'라는 것을 인정하는 것이 쉽지 않은 체질이다. 그래서 소음인은 자존심에 상처 입을 것이 예상되면, 아예 그 상황을 피하려 모든 것을 자포자기해버린다. '성적이 이렇게 떨어질 바에야 차라리 시험을 안 봐버리는 게 낫지' 하는 식이다.

기면증과 학습 우울증으로 진료실을 찾은 중학생이 있었다. 이 아이는 시험 도중 기면증이 발작해 0점을 받았다. 기면증이란 졸린 것과 달리 일상생활 도중 갑자기 잠에 빠져드는 질병이다. 아이 나름대로 노력을 했는데도 원하는 만큼 수학 점수가 나오지 않자 '이럴 거면 아예 수학은 포기해버리자'라는 무의식이 시험 도중 기면증을 일으킨 것이다. 탐심과 긍심이 강해지면 소음인은 '완벽해지거나 아니면 차라리 0점이 낫다'라는 식의 극단적인 판단을 내린다. 이렇듯 소음인에게 중간은 없다.

소음인은 뜻대로 안 되면 짜증이 많아진다. '내가 옳은데 왜 주변이나 세상은 내 뜻대로 안 움직이나' 하는 생각으로 힘들어한다. 그렇게 자기 자신을 높이 생각할수록 상대나 주변을 배려하고 이해하는 감정 기능은 더욱 열등해진다. 기분이 좋으면 좋은 대로, 나쁘면 나쁜 대로 금방 얼굴 표정과 언행에서 드러난다. 주변 사람들의 감정과 기분은 배려하지 못하고 내 뜻대로 밀어붙이면서 당연하다고만 여긴다. 학습 과정에서도 자기 뜻대로 안 되면 곧바로 우울증이나 성적 하락으로 이어진다.

자존심이 한번 꺾이면 반대로 '난 아무것도 아니야'라며 자존심이 하나도 없는 사람처럼 구는 것도 소음인이다. 이 경우 타협을 모르는 옹졸한 자기 고집만 남게 되어 남들과 융화하기 어렵다.

소음인은 편식은 물론이고 친구 관계나 학습 면에서도 치우침이 가장 심한 체질이다. 그 원인 가운데 하나가 바로 긍심이다. 소음인은 잘하는 과목은 더 하려고 하고, 못하는 과목은 아예 포기해 버리려고 한다. 이는 단순한 호불호라기보다는 자존심과 관련이 있다. 자존심에 상처를 입지 않도록 당장은 못하는 과목일지라도 꾸준히 노력해서 극복할 수 있게끔 배려해주는 것이 중요하다.

마지막으로 소음인이 주의해야 할 마음은 '불안정심不安定心'이다. 무언가를 결정했다가도 자꾸 번복하면서 불안해하는 심리가 불안정심이다. 소음인은 하나의 관심사나 문제가 생기면 전력을 다해 사고한다. 이때 결론이 하나로 모이지 않고 여러 가지 예상 결과가 나오면 당황한다. 미래는 불확실하므로 잠정적인 결론을 내렸다가도 다른 변수에 계속 영향을 받는다. 그러면 확실한 결과가 나올 때까지 사고의 몰입을 멈추지 못해 '잘못되면 어쩌나' 하며 내내 불안해한다. 생각이 너무 많기에 일을 추진하기 전에 이미 결론을 내고 싶어 조바심을 내기 때문이다. 그래서 조그만 변수가 생기거나 주변과 불화를 겪게 되면 일을 끝까지 밀고 나가지 못하고 중단해버린다. 그리고 포기를 합리화할 명분을 찾는다.

불안정심을 갖기 쉬운 소음인에게는 어려서부터 일의 결과에 매달리기보다 과정에 최선을 다하고, 설령 결과가 나쁘더라도 성공에 대한 기회비용으로 받아들이는 마음의 자세를 가질 수 있도록 훈련시키는 것이 좋다. 가뜩이나 생각이 많아 괴로운 아이 앞에서 부모까지 덩달아 '실패하면 어쩌지' 하는 마음을 내비치면, 소음인 아이들은 새로운 상황을 마주할 때마다 일의 부정적 결과에 마음을 쓰느라 필요한 일에 전력을 다할 수 없게 된다.

Chapter 2

아이 체질에 맞는
학습법은 따로 있다

체질별 시험 대비와 마인드 컨트롤 요령

시험은 누구에게나 떨리고 긴장되는 일이다. 그런데 시험을 준비하고 치를 때의 마음 상태와 자세 또한 체질에 따라 크게 다르다. 이를 정확히 이해하고 아이의 강점과 약점을 파악하면 아이가 평소 실력을 온전히 발휘하도록 도와줄 수 있다.

태음인

시험을 앞두고 유난히 불안해하고 긴장하는 아이는 바로 태음인이다. 순간 판단력인 직관이 가장 떨어지기 때문이다. 그래서 아무리 열심히 준비해도 막상 시험을 보면 평소 실력을 제대로 발휘하지 못할 때가 많다. 곧잘 하던 것도 긴장 탓에 앞이 깜깜해지는 것이다.

그래서 태음인 아이는 시험 전후에 어지럽거나 가슴이 쿵쾅거리고, 소변이 자주 마렵거나 두통, 메스꺼움 등의 불안 증상을 가장 많이 호소한다. 심하면 시험을 보다가 쓰러지는 경우도 있다. 평소에는 공부를 잘하다가도 시험 때가 되면 여기저기 아파서 집중을 못하기도 한다.

특히 공부한 범위를 벗어나거나 시험 난이도가 예상보다 어려워지면 당황하며 공포심을 느끼기도 한다. 이를테면 시험문제의 난이도가 '하 → 중 → 상 → 최상'의 순서로 배열되면, 태음인은 곧잘 제 실력을 발휘한다. 그런데 똑같은 문제를 순서만 바꿔 '최상 → 상 → 중 → 하'로 배치하면 처음에 몇 문제를 풀다가 당황한 나머지 쉬운 문제도 못 푸는 경우가 많다. 어려운 문제들을 연속으로 접하다 보면 '이러다 시험 망치는 거 아닌가' 하는 생각에 겁을 내는 것이다.

그래서 태음인 아이에게는 무엇보다 마인드 컨트롤을 할 수 있도록 지도해줘야 한다. "어려운 문제가 앞부분에 몰려 있어도 뒷부분에는 쉬운 문제가 나올 수 있으니 차분히 시험을 치르면 된다" "문제가 어렵다면 나만 어려운 게 아니고 다른 친구들도 마찬가지다" "점수는 낮아도 상대평가에서는 오히려 잘 본 시험일 수 있다" 등 아이가 이런 마음으로 두려움을 극복할 수 있도록 도와주는 것이 중요하다.

더불어 태음인 아이에게는 평소에 모의시험을 치를 때 전체 문항과 시험문제 수를 확인하고 시간을 안배하는 연습이 필요하다.

어려운 문제는 표시를 해두고 일단 넘어간 뒤 쉬운 문제부터 풀어 기본 점수를 확보하고 다시 어려운 문제에 도전하는 방식으로 반복 훈련이 필요하다.

소양인

소양인 아이는 태음인 아이와 정반대다. 긴장이라는 걸 모른다. 완벽하게 이해되지 않아도 잘 외우고, 시험 전에 훑듯이 잠깐 본 것도 잘 기억해낸다. 긴장해서 시간 배분에 실패하기 쉬운 태음인이나 어려운 한두 문제를 붙잡고 있다가 정작 쉬운 문제는 손도 못 대고 시간을 흘려버리는 소음인과 달리, 소양인은 평소 실력을 발휘하지 못하는 일이 드물다. 촉박한 상황 자체를 오히려 즐기고, 긴장된 상황일수록 침착하고 여유를 발휘하기 때문에 시험은 크게 문제 되지 않는다. 그래서 소양인 아이는 시험에 강한 체질이라고 할 수 있다.

소음인

소음인 아이는 시험 전에 공상과 상상이 많아져 불안감에 시달릴 수 있다. 특히 자신 없는 시험이거나 스스로 생각하기에 준비가 충분하지 못하다는 생각이 들면 시험이 다가올수록 혼자만의 상상에 빠져 불안이 심해진다. 태음인 아이의 불안은 겉으로 잘 드러나지 않는 반면, 소음인 아이의 불안은 주변 사람들이 모두 알아차릴 만큼 호들갑스럽게 나타난다. 일어나지도 않은 일에 대한 안 좋은 결과까지 지레짐작해 불안감을 호소하는 것도 소음인 아이의 특징이다.

책상 앞에 앉아도 딴생각이 많아져 공부에 집중할 수가 없다. 게다가 한번 자신감을 잃으면 시험 전에 아예 포기해버리기도 한다. 중요한 시험을 앞두고 갑작스레 잠만 잔다거나, 잡생각이나 강박적인 생각에 사로잡혀 힘들어하는 아이들 중에는 소음인이 많다.

소음인 아이가 시험을 치를 때 가장 주의해야 할 점은 잘 풀리지 않거나 어려운 한두 문제에 집착하는 것이다. 소음인은 사고 성향으로 일상생활에서도 한 가지 문제가 풀리지 않을 때 방향을 전환하는 것이 무척 어렵다. 결론이 나지 않은 문제가 머릿속을 계속 맴돌기 때문이다. 시험도 마찬가지다. 어려운 문제가 풀리지 않으면 그것만 붙잡고 있다가 오히려 쉬운 문제는 손도 못 대보고 종이 울리기 십상이다. 어려운 문제도 쉬운 문제도 모두 1점이라는 점을 인지하고, 막히는 문제는 미루고 쉬운 문제부터 푼 뒤 여유 시간에 다시 도전하는 시험 관리 요령이 필요하다.

소음인 아이는 시험 자체에 대한 긴장감이 태음인 아이만큼 심하지는 않다. 하지만 한순간 흥분하면 너무 쉬운 문제도 어이없이 틀리는 일이 많다. 한 가지 예로 '16은 2의 몇 배인가?'라는 문제를 '16×2=32'라고 답을 적어버리는 식이다. 상대가 무얼 묻고 있는지를 꼼꼼히 살피기보다 자기 생각을 불쑥 먼저 말하는 평소 기질이 그대로 나타나는 것이다. 또한 답은 제대로 찾아놓고 정작 정답지에 엉뚱한 답을 적는 경우도 소음인이 가장 많다. 그러므로 소음인 아이는 평소에 문제의 토씨 하나까지 꼼꼼히 짚어가며 읽는 연습이 필요하다.

체질별 맞춤
자기주도학습 비법

태음인

　태음인 아이는 책을 다 읽고 암기하면서 공부하는 방법보다는 어느 정도 진도를 나간 뒤에 모의고사 문제를 많이 풀어보게 하는 방법이 보다 효과적이다. 태음인 아이에게는 실전 연습이 무엇보다 중요하다. 긴장을 많이 하는 체질이기 때문에 실제 시험을 치르는 상황처럼 모의고사를 자주 쳐봐야 긴장과 불안으로 인한 시행착오를 줄일 수 있다. 언어 영역이 100문항 100분이라면, 모의고사는 100문항 90분 정도로 조금 빠듯한 시험 조건을 만들어 연습하는 것도 좋다.

　낯선 상황에서 긴장과 불안을 줄이는 방법은 따로 없다. 우황청심환을 먹는다고 나아지지 않는다. 태음인 아이에게는 반복 훈련 말고는 방법이 없다. 공동묘지에서 퍼팅 연습을 반복했다는 박세리 선수의 이야기는 태음인의 평소 학습 태도가 어떠해야 하는지를 잘 말해준다.

입시를 앞둔 수험생인 태음인 아이의 경우, 시험 날짜가 다가올 때 새로운 참고서를 공부하는 것은 좋지 않다. 시험일이 임박하면 미처 하지 못한 영역을 공부해야 할 것 같은 압박감을 느끼게 마련이다. 하지만 태음인 아이가 지금껏 접해보지 않은 내용으로 공부를 시작하면 모르는 내용만 계속 확인하게 되어 불안감이 심해지고, 심지어 이미 공부한 내용마저 놓칠 수 있다.

그래서 태음인 아이는 평소에 만들어둔 오답 노트를 통해 틀린 문제를 다시 확인하는 것이 좋다. 새로운 문제를 한두 개라도 더 풀어보고 더 많은 문제를 맞히자는 생각은 금물이다. 지금까지 공부한 것만이라도 틀리지 말자라는 마음가짐이 현명하다.

소양인

머리가 가장 좋은 것처럼 보이는 소양인은 벼락치기 공부에 능하지만, 이는 강점이자 독이 된다. 금방 이해하고 기억하지만 오래 기억하는 능력은 떨어지기 때문에 범위가 넓거나 오랜 기간 준비해야 하는 시험일수록 약해진다. 공부를 계속 미루다가 시험이 임박해서야 밤샘 공부를 하는 습관으로는 실력을 오래 지속하기 어렵다.

소양인 아이 스스로도 평소에 이해력이 빠르고 기억력이 좋다

160

고 생각해 자만심에 빠지거나 깊이 있는 공부를 하려 하지 않는다. '내일부터 하면 되지. 오늘까지만 놀자'라며 계속 미룬다. 또 원리를 이해하기보다 출제 경향이나 선생님 유형에 따라 당장 시험에 나올 것만 얕게 공부하기 쉽다. 그러다 보면 시험 기간이 다가올수록 시험 전의 불안이 누구보다 심해질 수 있다. 평소에 조금씩 실력을 쌓아둔다는 느낌으로 공부하지 않으면 불안감이 가중될 수밖에 없다.

이런 소양인 아이에게는 꾸준한 공부 습관과 반복 학습 태도가 중요하다. 그리고 예습보다는 복습이 효과적이다. 복습도 쪽지 시험을 치르듯 그때그때 결과를 확인할 수 있게 하는 것이 중요하다. 소양인 아이는 자신의 책임이나 일의 결과가 겉으로, 그것도 구체적인 숫자로 드러나는 것에 민감한 반응을 보인다. 학습 진도 역시 구체적으로 미리 정해놓고, 그 기간 안에 해당 범위를 공부했는지 시험의 형태로 일일이 확인하는 습관이 필요하다. 그리고 아이가 스스로 인지할 수 있도록 성적표나 진도표를 벽에 붙여두는 것도 좋은 방법이다.

소음인

소음인 아이는 이해가 안 되면 암기도 안 되는 유형이다. 대신 논리적으로 이해만 되면 굳이 태음인처럼 반복해서 외우지 않아도 수월하게 외운다. 자기 나름대로 체계적으로 한번 기억한 것은 그만큼 오래간다. 태음인처럼 반복해서 외우도록 강요하면 성적은 조금 오를진 몰라도 정신적인 피로가 심해져 공부에 흥미를 잃게 된다. 소음인 아이는 단순 암기 방법으로는 공부 효율이 오르지 않는다. 그것보다 정답이 나오는 과정을 차분히 이해하는 것이 중요하다. 그래서 충분히 생각하고 이해하는 데 많은 시간을 할애하는 학습법이 효과적이다.

또한 처음 배울 때 충분한 설명을 통해 궁금증을 풀어주어야 한다. 한번 잘못된 정보를 기억하면 바로잡기가 힘든 체질이기 때문이다. 한편으로는 적당히 아는 척하거나 모르는 것도 스스로 안다고 착각하며 넘어가기 쉬운 체질이기도 하다. 용어의 정의나 개념을 자기 마음대로 이해했을 경우에는 그냥 넘어가지 말고 반드시 콕콕 짚어내 바로잡아주는 것이 중요하다.

일단 내용을 이해했다면 모르는 친구에게 가르쳐주는 기분으로, 혼자서 소리 내어 설명해보는 것도 소음인 아이에게 있어 좋은 학습법이다. 그러다 논리적으로 맞지 않는 부분을 발견하면 다시 고민하고 책을 찾아보는 과정이 필요하다.

자기주도학습에서 소음인 아이가 가장 주의할 점은 극과 극을 달리는 감정 기복이다. 시험공부를 할 때조차 소음인 아이는 스스로 성취동기를 갖지 못하면 과목별로 학습량의 편차가 매우 심하다. 또한 어떤 과목에서 자존심을 다치면 감정 조절을 하지 못해 손을 놔버리는 경우가 많다.

체질에 따라
독도 되고 약도 되는 선행학습

선행학습에 대해서는 찬반양론이 팽팽하다. 하지만 중요한 건 내 아이의 수준과 체질이다. 그에 따라 선행학습은 독도 되고 약도 될 수 있다.

태음인

선행학습이 필요한 체질이라고 할 수 있다. 태음인 아이는 어떤 일을 하든지 첫 단추를 끼우는 것이 가장 힘들다. 첫 단추만 잘 끼우면 그다음부터는 비교적 수월하다. 신체적으로도 긴장이 많은 태음인 아이들은 새 학기가 시작되는 3~4월이 늘 고비다. 갑자기 아이가 소변을 지린다든지 두통이나 복통을 호소하면서 등교를 거부하는 일도 많다. 개학 전후로 신체적·심리적 이상 증상인 '새 학기 증후군'을 보이는 것도 태음인이 가장 많다. 이런 긴장을 해소하고 학기 초의 적응을 위해 태음인 아이는 선행학습을 하는 것이 도움이 된다.

해외 연수나 전학, 상급 학교 진학 등 큰 환경 변화가 있을 때마다 초반에 어려움을 겪으면 태음인 아이는 겁에 질리고 소극적으로 변해 아무것도 하지 않으려 한다. 사자가 새끼를 절벽에서 떨어뜨려 강하게 키우는 것과 같은 교육 방식은 태음인에게는 적합하지 않다. 처음에는 안정적인 상황에서 시작하는 것이 좋다.

선행학습이 필요한 체질이라고 해서 무리하게 해도 좋다는 뜻은 아니다. 다른 아이들보다 속도가 조금 느릴 뿐 처음 기초만 먼저 잡아주면 이후에는 태음인 특유의 성실함으로 따라잡을 수 있다. 다만 처음에 너무 뒤처지면 시작점으로 되돌아가버릴 수도 있으니 무섭게 다그쳐서는 곤란하다. 행여 선행학습 과정에서 심리적인 상처가 남으면 우울증이나 불안장애만을 낳을 뿐 무용지물이 된다. 항상 아이의 눈빛을 관찰하면서 학습의 수위를 조절해야 한다.

소양인

소양인 아이는 처음에 못해도 좀처럼 주눅 들지 않는다. 몰라도 당황하지 않는다. 그런 만큼 선행학습의 부작용이 큰 체질이라고 할 수 있다. 소양인 아이는 순발력이 좋아서 초반에 높은 성취도를 보인다. 오히려 꾸준히 하지 않는 학습 태도가 약점인데, 선행학습을 하면 이 약점이 더 심해질 수 있다.

소양인 아이는 스포츠로 치면 공격수다. 공격을 잘하니 부족한 수비를 보완해야 한다. 그래서 예습보다 복습이 더 중요하다. 다시 되짚다 보면 언뜻 안다고 넘어간 것들을 놓치고 있는 경우가 많다. 따라서 소양인은 선행학습보다 이미 공부한 학습을 다지는 복습이 더 중요하다.

소음인

소음인은 어린아이들조차 '저 친구는 나보다 공부를 잘해' '쟤는 나보다 달리기를 못해' 이런 식으로 능력을 서열로 판단한다. 그리고 자신이 친구들보다 열등하다 싶으면 자존심에 큰 상처를 입는다. 예를 들어 영어는 곧잘 좋은 점수를 받았는데 수학 시험은 몇 번 망치거나, 친구에 비해 늘 수학 점수가 낮다면 '수학은 공부해도 안 돼'라는 결론을 내리고 포기한다. 이런 면에서 소음인 아이에게도 어느 정도의 선행학습은 필요하다.

다만 예습이나 선행학습이 지나칠 경우 소음인은 '나는 다 안다'라는 자긍심이 강해져 수업 시간에 집중하지 않게 된다. 소음인 아이에게는 호기심이 학습 동기다. 그러니 다 아는 내용을 반복해서 들었을 때 호기심이 생길 리 없다. 게다가 아는 척하느라 또래 아이들에게 안 좋은 인상을 주기 쉽다. 소음인 아이는 자신이 조금 더 잘났다는 생각이 들면 그런 생각을 여과 없이 주변에 드러내는 성향이 강하다. 심지어 선생님의 설명과 자기가 이해한 내용이 다를 경우에도 선생님에게 따지거나 틀렸다고 지적하기까지 한다. 이로 인해 학교생활이나 친구 관계에서 마찰이 생길 수가 있다. 그러므로 균형을 잘 살펴야 한다.

'요즘은 다른 집 아이들도 이 정도는 하니까'라는 생각은 선행학습의 기준이 될 수 없다. 내 아이가 기준이다. 내 아이가 어떤 체질이고 학습을 할 때 어느 정도 받아들일 수 있는지를 이해하는 것이 우선이다.

체질별
독서 습관 바로잡기

책 읽기의 중요성은 새삼 강조할 필요가 없다. 최근 한국 입시 제도가 미국을 따라가면서 단순 암기보다 종합적이고 깊이 있는 학습을 요구하고 있다. 더불어 폭넓은 독서의 중요성이 강조되고 있다. 하지만 그렇다고 해서 어릴 때부터 무조건 책을 많이 읽어 독서 스티커를 많이 모은다고 해결이 될까? 아이 체질에 맞는 독서 습관의 장단점부터 파악하는 것이 중요하다.

태음인 – 독서 후 요약하는 습관 기르기

태음인 아이는 어릴 때부터 독서하는 습관이 몸에 자연스럽게 배어들게 하는 것이 좋다. 엄마 아빠가 책 읽는 모습을 많이 보여주면 아이도 따라서 책을 즐겨 찾게 된다. 태음인의 독서교육에서 중요한 것은 내용을 요약하고 압축하는 연습이다. 태음인 아이는 낱낱의 내용을 통째로 기억하는 것을 잘한다. 그래서 책의 어느 지점에 박혀 있는 단편적인 내용까지도 잘 기억한다.

문제는 그런 낱낱의 내용에 관해 소음인 아이처럼 '왜?'라고 따져보는 사고 기능이 떨어진다. 그래서 방대한 분량의 독서는 곧잘 하지만 이해한 내용을 짧게 요약하는 능력은 부족하다. 책의 일부분과 관련해 에세이를 써보라고 하면 내용만 세세하게 옮겨놓을 뿐 핵심을 잘 못 찾는다. 책을 읽는 데 오랜 시간을 들여놓고도 내용에 대한 질문에는 답변을 주저한다. 책을 읽을 때도 사고 기능보다는 감각 기능을 사용하기 때문이다. 책이 주는 느낌을 주관적인 감각으로 받아들일 뿐 논리를 찾아가는 능력은 부족한 것이다.

태음인 아이는 말을 할 때도 한참 에둘러 말하다가 나중에야 핵심을 말한다. 이런 화법은 각종 면접이나 논술 시험을 볼 때 불리하다. 그러므로 논리에 약한 태음인은 평소 책을 읽고 내용을 요약해보는 연습이 두고두고 유용하다.

브래드 피트 주연의 영화 〈흐르는 강물처럼〉에서 목사인 아버지가 어린 아들에게 작문 과제를 내준다. 처음에는 내용에서 틀린 점을 지적하고, 이것이 보완되면 쓴 글을 절반으로 요약하게 한다. 그리고 또다시 반으로 요약하는 과제를 낸다. 이런 학습 방법이 가장 절실한 체질이 태음인 아이다. 소양인 아이에게 효과적인 경쟁적 토론 방식은 자칫 태음인 아이에게 심리적인 상처를 줄 수 있으니 어느 정도 준비가 된 뒤에 하는 것이 좋다.

소양인 – 독서 토론하기

소양인 아이는 책 읽기 습관을 들이기가 가장 어려운 체질이다. 독서란 자기 내면으로 정신 에너지를 몰입시키는 일인데, 소양인의 정신 에너지는 외부로 향하기 때문이다. 빽빽한 철학 책은 외향적인 소양인 아이에게는 수면제나 다름없다. 소양인 아이가 다른 어떤 장르보다 시를 좋아하는 것은 감정 성향을 타고난 측면도 있지만, 읽어야 할 내용이 간결하기 때문이다. 또 시는 여백이 많아서 시각적으로도 편안하다.

따라서 소양인 아이의 독서 활동에 많은 욕심을 내는 건 금물이다. 어릴 때는 그림이 많은 동화책 위주로 보여주어야 그나마 책 읽는 습관을 만들어줄 수 있다. 글씨만 빼곡한 책, 비싼 전집은 소양인 아이에게는 말 그대로 '쇠귀에 경'이다. 그림책 이후에는 간결한 요약본을 읽게 하는 것이 좋다. 또 무조건 재미있는 책이 좋다. 명작이나 고전이라도 원문을 그대로 옮긴 두꺼운 책보다는, 그림이나 만화가 곁들여 있고 최대한 내용이 압축된 책이 잘 맞는다.

독서 활동에서 소양인 아이에게 꼭 필요한 것은 토론이다. 소양인은 책을 읽거나 글을 쓰는 것은 무척 어려워하고 싫어하지만, 말로 표현하는 것은 즐거워한다. 말은 자신의 생각을 외부로 표출하는 것이기 때문이다. 소양인은 말을 하면서 상대의 표정과 감정을 관찰한다. 소음인처럼 자기 논리를 깊이 있게 만들어가는 것은 어려워해도 상대의 논리에서 허점을 찾아내는 데는 능하다. 외부 관심이 더 뛰어나기 때문이다. 이런 기질을 잘 활용하면 소양인 아이도 독서에 흥미를 느낄 수 있다.

혼자서 조용히 책만 읽게 하거나 의무적으로 독후감을 쓰게 하는 방법은 소양인 아이에게는 큰 효과가 없다. 여러 사람이 같은 책을 읽고 서로의 생각을 주고받는 토론 활동이 소양인 아이를 위한 맞춤 독서법이다. 이는 상대를 이기려는 경쟁심을 독서에 필요한 에너지로 전환하는 방법이다.

소음인 – 자기 식대로 이해하는 탐심 깨우쳐주기

소음인은 책 읽기를 즐기는 체질이다. 사고가 뛰어나므로 추론하고 논리를 따져보는 지적 활동에 만족감을 느끼기 때문이다. 책을 읽으며 글쓴이의 생각을 지도처럼 따라가거나 자신만의 논리를 찾는 것을 즐긴다. 혼자서 조용히 책 읽기를 즐기거나 책 중독인 아이들 중에는 소음인이 단연 많다.

부모 욕심에 더 빨리 더 많은 책을 읽히려 하다가 독서에 대한 거부감만 심어주지 않는다면, 소음인 아이에게 책 읽기는 평생의 좋은 취미가 될 수 있다. 또 소음인은 책을 읽고 나서 나름대로 내용을 정리하는 것도 잘한다. 다만 독서를 할 때도 '모르면서도 아는 척 넘겨짚고 대충 넘어가는 태도'를 보일 수 있다. 또 글쓴이의 의도와 논지를 제대로 들여다보지 않고 자기 식대로 이해하고 엉뚱한 결론을 끌어내기도 한다. 이는 직관과 감정 기능이 열등한 소음인의 탐심에서 비롯되는 행동이다.

이런 단점을 고치기 위해서는 책을 많이 읽는 것도 좋지만, 반드시 독후감을 써보거나 읽은 내용을 말이나 글로 요약해보게 하는 것이 좋다. 이 과정에서 엉뚱하게 잘못 이해한 개념을 바로잡아줘야 한다.

호불호가 분명한 소음인 아이는 독서도 좋아하는 책만 가려 읽으려 한다. 때로는 과학 책만, 때로는 위인전만 파고드는 식이다. 그렇다고 아이에게 스트레스를 주면서 독서 편식을 당장 고치게 하는 것은 좋지 않다. 일단은 아이가 읽고 싶어하는 대로 두고, 아이의 관심 분야가 다양해지도록 자연스럽게 유도해야 한다. 소음인 아이에게는 책을 읽는 것 자체에 만족하지 말고 자기 생각을 표현해보게 하여 잘못 이해한 것을 짚어주되, 상처받지 않게 배려해주는 것이 꼭 필요하다.

논술, 평생 학습의 든든한 밑천

객관식 위주의 시험에서는 '글쓰기'나 '논술'이 그다지 중요하지 않았다. 암기 학습법으로도 크고 작은 시험에 효율적으로 대비할 수 있었다. 그런데 최근에는 종합적인 사고를 요구하는 시험으로 바뀌었다. 그 핵심이 바로 논술이다. 대학 입시에서도 논술이 입학의 당락을 결정짓는 경우가 많아졌다.

논술은 시험만을 위한 것이 아니다. 대학에서 보고서나 논문을 쓰고, 취업할 때 이력서를 작성하고, 회사에서 기획서를 작성하는 기초가 된다. 거의 모든 학업 과정이나 직장생활에서 논술은 매우 중요한 능력으로 부상했다. 다른 사람의 생각과 논점을 정확히 이해하고, 자신의 생각을 정리해 상대방에게 가장 효과적으로 표현하는 능력은 일상생활에서도 중요하다.

필자가 의사로서 진료하는 과정도 일종의 논술이다. 환자의 증상과 불편을 정확히 이해하고, 의학 지식에 비추어 합리적인 치료 방법을 결정하고, 환자에게 효과적으로 설명하는 것이 좋은 진료다. 평생 학습이라는 차원에서 인문계, 자연계 가릴 것 없이 중요한 기초 능력이 바로 논술이다. 국·영·수 실력이 단기간에 늘지 않듯이, 논술 또한 대학 입시를 앞두고 한 번에 키워낼 수 없는 능력이다. 그러니 어릴 때부터 차근차근 준비해야 한다.

어떤 사람은 사고력만 있으면 논술도 저절로 되는 것 아니냐고 말한다. 그렇지 않다. 논술은 출제 의도와 지문의 내용을 바르게 이해하는 것에서부터 출발한다. 그다음에 필요한 것이 자료의 논리적인 연결이다. 그리고 마지막으로 요구되는 것이 표현력이다. 이처럼 논술은 이해력, 논리력, 표현력을 종합적으로 요구한다. 이 세 가지 능력을 어릴 때부터 차분히 다져두지 못하면 나중에 어려움을 겪는다.

학습 상담에서 "논술을 잘하려면 어떻게 해야 하나요?"라는 질문에 필자는 '다독多讀', '다상량多想量', '다작多作'의 방법을 이야기한다. 한의사가 된 뒤 다시 신문기자가 되기 위해 고군분투할 때, 언론사 입사 2차 관문인 논술 시험에서 여러 차례 고배를 마시면서 알게 된 방법이다.

'다독'이란 남이 써놓은 글을 많이 읽어야 한다는 뜻이다. 그렇다고 무조건 많이 읽기보다는 좋은 글, 잘 쓴 글을 많이 읽는 것이 중요하다. 그렇다면 좋은 글의 기준은 무엇일까? 초보 학습자에게 좋은 글이란, 첫째로 한 번 읽어서 무슨 말인지 명쾌하게 와 닿는 글이고, 둘째는 쉽게 공감되고 "아하!" 하는 감동까지 줄 수 있는 글이다.

논술 공부를 막 시작한 사람에게 가장 추천할 만한 글은 신문 사설이다. 사설은 논리적인 글이다. 짧은 분량 안에 자신의 주장을 논리적으로 담아내야 하는 글이기에 군더더기가 없다. 처음에는 그냥 스윽 읽어보고, 쉽게 이해가 된다면 학교에서 배운 대로 문단을 나눠보는 것도 좋다. 각 단락의 핵심 키워드가 무엇인지 장난감을 분해하듯 나눠보는 것이다.

다음은 '다상량'이다. 생각을 많이 해봐야 한다는 뜻이다. 유사한 주제의 여러 글들을 모아서 비교해보는 것도 좋다. 동일한 주제임에도 글쓴이마다 제각기 다른 관점과 표현을 사용하기에, 글의 관점과 논리가 어떻게 전개되는지를 배울 수 있다. 각 글의 장점만을 취합해 노트에 정리해보는 것도 좋은 방법이다.

마지막으로 '다작'이다. 취합한 좋은 글들을 분해하듯 읽고 편집해 최종적으로 한번 써보는 것이다. 즉 남이 잘 쓴 글을 더 명쾌하게 정리하는 방식으로 옮겨 써보는 것이다. 초심자에게는 모방이 곧 창작이다. 머릿속에 정리된 생각을 실제 글로 표현하는 과정은 결코 쉽지 않다. 하지만 이때 필요한 것은 타고난 글재주가 아니라 반복된 연습이다. 다독, 다상량, 다작의 세 과정을 반복하다 보면 자신만의 좋은 글을 쓸 수 있고, 논술 시험에 효과적으로 대비할 수 있다.

실전 논술을 위한 10가지 조언

1) 출제 의도 파악하기

문제에 답이 있다. 출제자의 의도와 응시자가 써야 할 논술문의 대략적인 방향은 문제만 꼼꼼히 읽어봐도 드러난다. 문제를 해부하듯 뜯어보면 출제자가 원하는 방향을 알 수 있다. 그러므로 문제를 5번 이상은 음미하면서 읽는 것이 좋다. 그래야 헛다리를 짚는 일을 피할 수 있다. 창의적인 글쓰기도 중요하지만 자기만의 궤변을 늘어놓는 것은 독창성이 아니다. 글 내용이 아무리 좋아도 출제자의 의도에서 벗어나면 좋은 점수를 얻기 힘들다. 논술이든 일상 대화든 묻는 내용에 대해 정확히 답하는 것이 중요하다. 특히 소음인이 주의해야 할 사항이다.

2) 설계도 만들기

언론사 기자나 글쓰기가 직업인 사람들도 첫 문장부터 마지막 문장까지 일필휘지로 써나가는 사람은 드물다. 집을 지을 때도 설계도가 필요하듯 글을 쓸 때도 설계도를 만드는 작업이 필요하다. 글의 기본 뼈대를 잡고 글을 써나가야 중심 내용이 흔들리지 않는다. 먼저 연필로 핵심 단어들을 순서대로 배열해본다. 글쓰기 초보자의 경우 어느 부분은 분량이 넘치고 어느 부분은 부족해지기 쉽다. 글의 틀을 잡고 문단을 나누어 글을 써나가면 이런 치우침이 덜하고 내용을 고르게 안배할 수 있다. 글을 쓰다가 옆길로 새기 쉬운 태음인이나 결론이 모이지 않는 소양인에게 꼭 필요한 연습 방법이다.

3) 첫 문장은 간결하게

현대인들은 성질이 급하다. 출제자나 독자도 마찬가지다. 미주알고주알 떠들다가 결론이 나는 글은 답답하다. 첫 문장이 중문이나 복문이 되어 길게 늘어지면 처음부터 읽기가 싫어지고 김이 샌다. 첫 문장은 최대한 간결하게 써야 한다. 두 번째, 세 번째 문장으로 얼마든지 설명을 보충할 수 있다. 첫 문장에서 결론부터 제시하는 글쓰기의 틀을 익히는 것도 좋다.

4) 짧은 결론 보여주는 첫 문단 쓰기

첫 문장 혹은 첫 문단의 용도는 두 가지다. 간결한 결론의 제시, 그리고 독자의 시선과 이목을 집중시키기. 논술 시험의 답안 분량과 작성 시간을 감안할 때 결론부터 써나가는 연습이 필요하다. 시선을 집중시키는 첫 문장 쓰기는 글 쓰는 연습을 통해 여유가 생겼을 때 시작하는 것이 좋다. 논술 답안에서 첫 문장은 출제자가 던진 질문에 딱 한 마디로 답한다면 어떻게 대답할지를 고민해서 쓰면 된다. 그에 대한 결론부터 짧게 요약하고, 그렇게 생각하는 주장과 근거를 본론에서 전달한다.

5) 첫째, 둘째, 셋째로 본문 요약하기

도입부에서 결론부터 밝히는 것이 좋다. 그 뒤에 본론에서 그렇게 생각하는 근거를 제시한다. 구구절절 생각을 나열하다 보면 샛길로 빠지거나 문단을 안배하기가 어려워진다. 결론에 대한 이유나 근거를 작성할 때는 글의 분량에 따라 2~4가지로 요약하는 것이 좋다. 각 문단의 키워드를 미리 찾아내 '첫째, 둘째, 셋째……' 식으로 말머리를 달면서 정리하면 글이 반듯해지고 읽기도 쉽다. 이렇게 쓰면 전체적인 글의 뼈대와 흐름이 흔들리지 않아 좋은 점수를 받을 수 있다.

6) 담백하게 쓰기

미사여구로 글을 꾸미지 않는 것이 좋다. 치장한 글은 기름기가 많은 음식과도 같다. 평소에 외워둔 표현을 장황하게 늘어놓기보다 누구든 동의할 만한 보편적 논리를 담아야 한다. 표현력이 아무리 좋아도 출제자의 의도에서 벗어난 글은 소용이 없다. 의도에서 벗어나지 않기 위해 제시된 지문의 표현을 군데군데 인용하는 것도 좋은 방법이다.

7) 단문으로 쓰기

단문 쓰는 연습이 중요하다. 초보자가 글을 쓰다 보면 자기도 모르게 한 문장이 너무 길어질 때가 많다. 이를 위해서는 평소에 긴 문장을 두세 개의 짧은 문장으로 나누는 연습을 해야 한다. 너무 긴 문장은 읽는 이의 많은 집중력을 요구한다. 이는 곧 피로감으로 이어진다. 좋은 글이란 쉽게 읽히고 글의 의도가 명쾌하게 와 닿는 글이다. 여기에 재미까지 갖추면 금상첨화다. 짧은 문장 쓰기는 좋은 글을 쓰는 데 절대적으로 필요한 훈련이다.

8) 애매한 결론 피하기

논리의 전개가 뛰어나지 않은 이상 양쪽 모두 틀렸거나 옳다고 주장하는 '양비양시론' 식의 글쓰기는 매우 위험하다. 특히 입시 논술에서는 어느 한쪽을 택해 그에 적합한 주장과 근거를 일목요연하게 정리하는 것이 좋다. 평소에도 명확한 결론을 잘 내지 못하는 태음인이 특히 주의해야 한다.

9) 사자성어, 격언 활용하기

전개하고자 하는 논리와 일맥상통하는 짧은 사자성어나 격언, 속담 등을 적극적으로

활용하는 것이 좋다. 시선을 끄는 효과도 있고 평가자가 좀 더 흥미롭게 글을 읽어나

갈 수 있다. 중언부언하는 설명보다 문맥에 맞는 짧은 경구 하나가 더 많은 메시지를

전달하기도 한다. 단, 두 번 이상 반복하지 않는 것이 좋다. 자극도 반복되면 신선함

이 떨어진다.

10) 처음과 끝 맞추기: 수미쌍관법

마지막 문장이 첫 문장과 의미가 통해야 한다. 첫 문장을 마지막에 살리되 표현을 살

짝 바꿔서 확인 도장을 찍는 느낌으로 마무리하면 결론을 더욱 인상 깊게 부각시킬

수 있다.

체질별
논술 준비 요령

태음인 – 논리부터 찾아라

태음인 아이는 논술도 반복 훈련이 필요하다. 평소 말하거나 글을 쓸 때도 핵심이 없는 게 단점이다. 한 문장으로 요약해도 될 것을 빙빙 에둘러서 표현한다. 태음인 아이에게는 간결한 표현이 가장 어렵다. 이것저것 다 설명해야 결론을 낼 수 있다고 생각하기 때문이다. 처음부터 하고 싶은 말이 많으니 명쾌한 첫마디가 쉽게 터질 리 없다. 게다가 당황스럽거나 다급해지면 중언부언하느라 시간을 다 보낸다. 그런 만큼 태음인 아이는 핵심 내용을 요약하고 압축하는 반복 연습이 필요하다. 처음에는 자기 글을 쓰기보다 다른 사람의 글을 압축하는 훈련이 좋다.

특히 태음인 아이는 미리 만든 글의 설계도대로 문단을 나누게 하여 구체적인 글쓰기에 들어가는 것이 좋다. 태음인은 소음인만큼 논리적이지 못해 핵심 없이 긴 글이나 쉽게 결론이 나지 않는 글이 되지 않도록 주의해야 한다.

소양인 – 설계도를 만들고 키워드를 찾아라

소양인 아이의 말솜씨는 한마디로 청산유수다. 그런데 막상 하고 싶은 말을 글로 써보라고 하면 한두 줄을 넘기기가 힘들다. 소양인은 감정으로 소통하기 때문이다. 즉 상대의 표정을 보면서 말로 그때그때 표현하는 방식을 선호한다. 글이나 메신저로 소통하다가도 정작 중요한 문제나 복잡한 설명이 필요하면 전화나 말로 소통하길 원한다. 그만큼 소양인은 글쓰기에 취약하다.

소양인은 글을 써도 길게 쓰지 못한다. 또 분량이 있는 글이라고 해도 핵심과 결론이 없다. 논리가 딱히 어긋나는 것은 아닌데 명쾌한 자기주장이 없다. 이것이 소양인 글의 특징이다. 소양인에게 있어 출제자의 의도를 파악하는 것은 쉬운 일이지만, 관건은 글로 표현하는 요령을 터득하는 것이다.

소양인 아이의 논술 훈련에서 핵심은 키워드 찾기다. 키워드를 찾은 뒤에는 이를 가장 자연스럽게 연결하도록 배열하면 된다. 말로 표현할 때처럼 키워드에 살을 붙여나가면 된다고 지도해보자. 이런 방법으로 소양인 아이의 글에서 가장 부족한 논리와 결론의 취약점을 보완할 수 있다.

소음인 – 출제자의 의도를 파악하라

독서와 논술은 소음인 아이의 기질에 가장 잘 맞는 지적 활동이다. 소음인 중에는 특별히 논술 교육을 받지 않아도 글을 잘 쓰는 이들이 많다. 자기 생각을 몇 페이지씩 줄줄 써내는 아이들도 있다. 그만큼 소음인은 독서나 글쓰기 능력을 쉽게 터득할 수 있다. 타고난 사고력과 논리력을 마음껏 발휘할 수 있기 때문이다.

그런데 두 가지 문제가 있다. 소음인은 출제자의 의도를 파악하는 것이 느리다는 것, 그리고 대충 읽고 자기 식대로 이해해버린다는 것이다. 자기주장은 잘 펼치지만 출제자의 의도를 잘 알아차리지 못할 수도 있다. 입시 논술은 자유 논술이 아니라 출제자의 의도에 맞게 쓰는 것이 관건이다. 따라서 출제 의도를 헛짚지 않는 훈련이 중요하다.

체질별 토론 학습법과
말하기 비법

"세계의 운명은 좋든 싫든 자기 생각을 남에게 잘 전할 수 있는 사람들에 의해 결정된다."

미국의 제35대 대통령 존 F. 케네디의 어머니 로즈 여사의 명언이다. 자신의 생각을 말로 표현하고 설득하는 능력은 동서고금을 막론하고 중요하다. 요즘은 각종 면접 자리에서도 긴 시간 심층 질문이 오간다. 입학사정관 면접을 비롯해 취업 면접, 각종 회의와 프레젠테이션 등이 많아진 만큼 토론이나 말하기 능력이 무엇보다 중요해졌다.

태음인 – 토론의 기본기를 다지고 감정을 조절하라

태음인은 기본적으로 말보다 행동을 강조한다. 말을 잘하는 것을 '말만 삔지르르하다'라는 식으로 여긴다고 할 수 있다. 특히 사람됨이나 능력을 볼 때도 실천력을 평가 기준으로 삼는다. 그러다 보니 당장의 말이나 글보다 그 사람의 실천 가능성이나 '믿어달라'라는 인간적인 호소를 중시한다. 행동과 실천은 나중의 문제이고 우선은 논리적으로 말이 되느냐가 가장 큰 관심사인 소음인과는 정반대다.

그래서 태음인은 논리적인 타당성보다 '저 사람이 저 말을 지킬까 안 지킬까' 혹은 '믿어볼까 말까'를 고민한다. 그래서 그동안 축적해둔 그 사람의 종합적인 신뢰도를 바탕으로 중요한 결정을 내린다. 평소에 믿을 만한 모습을 보였다면, 이번 사안이 논리적으로 말이 되든 안 되든 일단 믿고 보는 식이다. 반대로 신뢰할 만한 여지가 없다고 했을 때는 그 사람이 아무리 맞는 말을 해도 좀처럼 믿어주지 않는다.

자신의 억울함을 말로 표현하거나 상대와 언쟁을 벌일 때도 논리적으로 접근하기보다는 울컥해서 말을 잘 못할 때가 많다. 토론이나 회의 자리에 태음인이 많으면 안건이 자주 옆길로 새서 회의가 길어지기도 한다. 한마디로 태음인은 말로 하는 토론에 관심이 적을 뿐 아니라 필요성을 잘 인식하지 못한다. 때문에 평소에 토론의 기본기를 다져두는 것이 중요하다.

태음인 아이는 남 앞에서 말할 때 긴장도가 가장 높아 옆에 있으면 심장 박동이 느껴질 정도다. 얼굴 표정도 굳어진다. 준비 없이 토론이나 면접에 나가면 당황해서 무슨 말을 했는지 기억을 잘 못할 정도다. 따라서 태음인 아이는 평소에 모의 연습을 많이 해보는 게 좋다.

태음인 아이가 자기 경험만을 늘어놓거나 소극적인 태도를 보이면 적절히 안내해주어야 한다. 공감을 얻기 힘든 자신만의 경험은 토론 자리에서 좋은 인상을 줄 수 없다. 또한 태음인 아이는 토론 분위기가 격해질 때 상대의 무례함에 울컥할 수 있다. 그러므로 감정 조절에 주의해야 한다.

소음인은 토론할 때 무례한 태도보다는 자신의 논리가 틀렸다는 지적에 격하게 반응한다. 소양인은 이기고 지는 토론의 승부 자체에 민감하다. 그런데 태음인은 논리나 승부보다는 상대의 무례함이나 기분 나쁜 말을 더 마음 깊이 담아둔다. 소음인은 논리적 설득에, 소양인은 상대의 잘못에, 태음인은 인간적 신뢰에 초점을 맞추기 때문이다.

그래서 태음인의 말에는 논리보다 '나를 못 믿느냐'라는 의미의 어조가 배어 있다. 자신과 다른 의견을 내는 것을 나에 대한 공격이나 상처로 여긴 나머지 토론에 소극적인 태도로 임하기 쉽다. 면접이나 시험에서라면 감점 요인이 될 수 있다.

소양인 – 자기 생각을 정리하는 연습을 하라

소양인은 유머가 많고 달변가가 많다. 어릴 때부터 주변 분위기를 잘 조율하고 남을 웃기는 재주를 드러내기도 한다. 말로 하는 인터뷰나 토론 등에 유리한 기본 자질을 타고난 셈이다. 면접관 앞에서 순발력을 발휘해 재치 있게, 질문의 의도에서 크게 벗어나지 않게 답변하는 것도 소양인이다. 하지만 지극히 공식적인 면접 장소에서는 지나치게 경직되기도 한다. 면접관의 평가를 너무 의식한 나머지 간결한 대답으로 끝내버린다.

소양인은 토론을 짧게 끝내려는 성향이 있다. 무엇보다 자신에게 책임이나 일거리가 돌아오지 않도록 분위기를 유도한다. 소음인은 상대방을 바로 앞에 두고도 잘못을 과감하게 지적하는 반면, 소양인은 타인의 잘못을 직접 지적하기보다 간략하고 객관적인 자료를 제시하는 선에서 마무리한다. 다른 사람에게 원망을 사는 일을 두려워하기 때문이다.

토론 과정에서 소음인은 '내 생각은 이렇다' '내 생각이 옳다'라는 관점에서 말을 이어간다면, 소양인은 '네 생각이 틀렸다' '네 생각의 오류는 이렇다'라는 점을 부각하려 한다. 다시 말해 소양인은 자기주장보다 상대 주장의 틀린 점을 짚어내는 데만 치중하기 쉽다. 물론 상대방이 말실수를 하거나 논리적인 허점이 많은 경우라면 소양인에게 유리하다. 그러나 평가자 입장에서는 자기주장이 빈약한 소양인에게 후한 점수를 주기는 어렵다. 평소에 자기 생각과 주장이 무엇인지 정리하는 습관을 들일 필요가 있다.

소음인 – 경청하며 상대의 생각을 살펴라

소음인은 평소에도 생각과 말이 매우 논리적이다. 수긍이 안 되면 따지고 묻는 태도가 몸에 배어 있다. 이렇게 분명하게 따지기를 좋아하는 사고 성향은 토론과 면접에 유리한 자질이다. 자신과 생각이 다르면 그 사람이 누구든지 토론 중에도 '입바른 소리'를 잘한다. 그래서 "내가 생각하기에……"라는 식의 표현을 자주 사용한다. 이런 태도는 면접이나 토론에서도 적극적인 인상을 준다.

문제는 소음인의 열등 기능인 감정이다. 소음인은 대화 상대나 전체 분위기를 빨리 파악하지 못해 혼자만의 생각에 몰입하기 쉽다. 소음인은 입만 있고 귀가 없다고 할 정도다. 자기 생각을 남에게 주입하려는 데만 온통 마음이 가 있다. 다수의 의견이 자신과 달라도 끝까지 자기주장만 펼친다. 이미 머릿속 결론을 내린 뒤 토론이나 대화에 임하기 때문이다.

이는 평소 대화에서도 마찬가지다. 소음인은 남이 말할 때 내 생각만 하느라 대화의 흐름을 놓칠 때가 많다. 소음인은 객관적 지표나 근거 없이도 자기만의 생각을 마치 합의된 결론인 것처럼 전달하기 쉽다. 다른 사람들은 공감하지 못하는데도 자기 생각이 더 중요한 것처럼 여긴다. 이런 태도는 토론 상대나 면접관에게 좋은 점수를 얻기 힘들다.

소음인 아이는 상대방의 의견을 경청하는 훈련이 필요하다. 상대 의견의 연장선에서 자신의 생각을 전개하거나 상대 논리의 허점을 지적하는 연습을 해야 한다. 그래야 상대를 설득할 힘이 생기고, 면접관에게 높은 점수도 받을 수 있다. 또 누가 봐도 설득력이 있으려면 다수가 공감할 만한 자료나 근거를 바탕으로 말하는 연습이 필요하다. 소음인은 자신과 생각이 다르면 상대와 명확히 선을 긋고 '적'으로 간주하는 성향이 강하다. 상대를 적으로 여겨 무차별적 공격의 태도를 취하면 좋은 인상을 주기도 어렵고 설득하

기도 어려워진다. 자존심이 강한 소음인은 지나친 자기 자랑도 주
의해야 한다.

면접관에게 호감을 주는 말하기 비법

One! 간단한 결론으로 답하라

첫 답변을 "예/아니오" "그렇습니다/그렇게 생각하지 않습니다" "~라고 생각합니
다" "a와 b의 두 가지 경우가 있다고 생각합니다" 등으로 간단하게 표현한다. 첫 답
변부터 장황하게 늘어놓으면 설득력도 떨어지고 좋은 인상을 줄 수 없다. 특히 태음
인은 예상 못한 질문에 당황해 중언부언하기 쉽다. 평소처럼 에둘러 말하다가 결론
을 내리는 말하기 방법은 면접에 불리할 수 있다.

Two! 첫 답변의 근거를 제시하라

"이건 이렇고 저건 저렇기 때문입니다"라는 식으로 첫 답변에서 말한 결론의 근거를
간략하게 제시해야 한다. 대답은 명쾌하고 짧을수록 좋다. 궁금한 게 있으면 면접관
이 알아서 추가 질문을 한다.

Three! 부가적 언급도 간략히

간략한 답변에 대한 부가적인 답변을 면접관이 요구할 경우 주변 사례나 통계 자료,
근거 등을 들어 이번에도 역시 간단명료하게 설명한다. 면접관이 묻지도 않은 것에
길게 답을 보탤 필요가 없다. 면접관이 다시 물어보면 그때 답해도 충분하다. 한 질
문에 세 문장 이상으로 답하지 않는 것이 좋다. 특히 소음인은 듣는 사람의 입장을

고려하지 않고 자신의 논리를 욕심껏 펼치려는 기질이 강하므로 주의해야 한다.

답변을 길게 했다고 좋은 점수를 받는 것은 아니다. 적확하면서도 간결한 답변이었느냐가 중요하다. 처음부터 간결하게 결론을 전달하는 것이 현대인의 언어 습관에 가장 무난하다고 할 수 있다. "내 주장은 이렇다"라고 임팩트 있게 말하면 면접관은 '왜?'라는 의문을 갖고 시선을 집중하게 마련이다. 면접관이 나에게 집중할 때 앞의 답변에 대한 근거를 차분히 제시하면 된다. 근거나 사례에서 시작해 결론으로 이어지는 화법은 듣는 사람에게 피로감을 주기 쉽다.

Chapter 3

체질을 알면
적성과 진로가 보인다

*태양인은 1만 명당 2~3명 정도의 인구 분포로 그 사례가 많지 않으므로 관련 내용을 생략합니다.

인문계 체질, 자연계 체질?

 적성에 안 맞는 전공이나 직업을 선택하는 것은 큰 고통이다. 부모님과 진로 선택을 놓고 갈등을 빚던 고교생이 극단적 선택을 하는 경우도 종종 있다. 대학 입학 이후에도 전공이 적성에 맞지 않아 다시 입시를 치르거나, 편입하거나, 취업 후 재입학하는 사례가 늘고 있다. 남들이 부러워하는 직장인데도 정작 본인은 적성에 안 맞아 고통 속에 사는 이들도 많다. 이는 결국 화병이나 우울증으로까지 이어진다.

 고등학교 때 선택하는 인문계/자연계는 인생에서 중요한 첫 번째 갈림길이다. 그런데 많은 학부모와 학생들이 타고난 적성은 잘 모른 채 '수학 성적이 잘 나오면 이과(자연계), 그렇지 않으면 문과

(인문계)'라는 식으로 결정한다. 또 부모가 원하는 직업 선택을 위해 아이의 적성을 무시하는 경우도 있다. 당장은 우격다짐으로 밀어붙일 수 있겠지만, 부모와 아이 사이에 갈등이 쌓이면 큰 부작용을 초래한다. 때론 다시 먼 길을 돌아가야 하는 수도 있다.

그렇다고 아이들의 선택에 모든 걸 맡길 수도 없다. 물리 선생님이 좋아서 물리학과를 가겠다는 식으로 막연한 동경이나 충동에 따라 선택할 가능성도 있기 때문이다. 자신의 적성이 무엇인지 잘 모른다면, 체질을 파악하는 것이 도움이 된다. 사상의학에서는 타고난 기질에 따라 적성을 '사농공상士農工商'에 비유해 분류한다.

- 태양인 : 우월한 직관 기능, 새로운 모티프를 찾고 직관적 머리를 쓰는 선비士 기질
- 태음인 : 우월한 감각 기능, 성실하게 반복하는 일에 적합한 농부農 기질
- 소양인 : 우월한 감정 기능, 사람들 사이에서 소통 능력을 발휘하는 상인商 기질
- 소음인 : 우월한 사고 기능, 좁고 깊게 파고들며 효율적으로 머리를 쓰는 기술인工 기질

이제마 선생은 체질에 따른 기질과 적성을 이렇게 분류한다. 그렇다고 소양인은 장사만 해야 하고, 태음인은 농사만 지으라는 뜻은 아니다. 어디까지나 타고난 기질을 볼 때 심리적으로 가장 잘 적응할 수 있는 직업의 특징을 상징적으로 설명한 것이다.

사농공상에서 장사와 농사, 기술의 의미 역시 오해하기 쉽다. 일례로 의사가 어제도 오늘도 비슷한 진료 행위를 반복한다면 이는 사농공상 중에서 '농'에 가깝다. 농사일처럼 어제도 오늘도 비슷하게 꾸준히 해나가는 일이라는 의미다. 단, 같은 의사라도 대학병원에서 새로운 것을 혼자서 늘 연구하는 쪽이라면 기술인, 즉 '공'의 의미에 가깝다.

장사란 농사와 달리 날마다 바뀌는 여러 사람을 대하는 직업을 통칭한다. 순간순간 상대의 감정을 읽고 흥정하고 기분을 맞추는 일이다. 대하는 사람이 늘 바뀌고 그때그때 달라지는 상황에서 적절함을 찾아가는 일이라고 할 수 있다. 그런 의미에서 개그맨도 '상'에 속한다고 할 수 있다. 태음인은 매일매일 달라지는 환경에 놓이면, 성실하게 일하기는 하지만 긴장도가 높아져 병이 생기기 쉽다. 다시 말해 변화의 폭이 적을 때 심리적인 안정감과 만족도가 크다. 반대로 소양인이라면 변화 없는 일에 금방 싫증이 나고 적성에 안 맞아 괴롭다.

사농공상의 의미를 이해하기 위해 '김밥 가게'를 예로 들어보자. 매일 아침 똑같은 시간에 일어나 김밥을 만드는 일은 농사일과 유사하다. 농사는 봄에 씨를 뿌리고 가을에 수확하는 변화가 있지만 이를 10년, 20년 반복한다. 김밥 장사도 이와 마찬가지로, 어제 만들던 방식대로 많은 양의 김밥을 오늘도 묵묵히 성실하게 만드는 일이다.

그런데 만약 매일 반복적으로 김밥을 싸는 일이 지겹다면? 그보다는 김밥을 손님에게 파는 일이 더 즐겁다면? 어떻게 하면 고객들이 더 만족할 만한 이색적인 서비스나 이벤트를 만들 수 있을까 하는 상업적인 소통에 관심이 더 많다면? 이는 상인 기질이다.

이번에는 방법적인 측면에서 생각해보자. 만약 어떻게 하면 김밥을 더 신선하게 보관할 수 있을까, 어떤 재료를 넣으면 더 건강하고 맛있는 김밥을 만들 수 있을까, 이런 것들을 궁리하고 시도하는 일이 더 즐겁다면? 이는 소음인의 기술자 기질에 가깝다. 태양인이라면, 김밥 장사가 앞으로는 어떤 식의 트렌드가 유행할 것이라는 큰 틀의 변화에 관심을 보일 것이다. 이처럼 겉보기에는 같은 일, 비슷한 일을 한다고 해도 좀 더 자세히 들여다보면 기질에 따라 서로 다른 부분에 관심을 갖고 살아간다는 것을 알 수 있다.

농사일도 소음인일 경우 어떻게 하면 농사를 더 효율적으로 지을지를 고민한다. 그래서 농기구를 개발하거나 연구하듯 농사를 짓는다. 그런 기질은 학력의 높고 낮음과 상관없이 드러난다. 반면 소양인 입장에서는 '뭐하러 힘들게 농사를 짓나' '뭐하러 저렇게 몇 년씩 개발하느라 고생하나' '생산되면 사다가 다른 사람에게 이윤을 더 받고 팔면 될걸'이라고 생각한다. 개발하느라 머리를 쓰는 것도, 단순히 반복되는 농사일을 묵묵히 견뎌내는 것도 소양인의 기질이 아니다. 상황을 조금만 바꾸어 자신의 이익을 거둬들이는 것이 상인 기질, 즉 소양인의 기질이다.

화병과 우울증으로 내원한 30대 남성이 있었다. 소음인인 그가 대학에서 전공한 것은 화학공학으로, 대기업에서 석유화학 제조 분야 일을 하고 있었다. 그동안 연구개발 분야에서 일하다가 최근 2년간 해외영업 부서로 옮긴 뒤 스트레스가 심해졌다. 소음인의 적성은 자기 생각대로 한 가지 일에 몰입할 때 만족을 느끼는 기술자에 가깝다. 그런데 이 남성은 기술 관련 회사지만 자기 적성이 아닌 영업 부서에서 일하다가 스트레스가 너무 심해진 것이다. 영업 업무는 상대의 감정을 파악하는 능력을 요구한다. 소양인의 적성 분야다. 소음인이 가장 힘들어하는 분야이기도 하다. 그는 결국 사표를 내고 중소기업으로 옮겨 갔다.

외형적으로는 같은 상업에 종사하더라도 체질에 따라 사람마다 발휘하는 기질이 다르다. 태음인은 오랜 기간 한 자리에서 영업하면서 단골들을 배려하는 방식으로 자신의 장점을 발휘한다. 소양인은 다양한 이벤트 등으로 유행의 빠른 변화를 주도하는 것이 강점이다. 소음인은 전문 지식을 바탕으로 명쾌하고 결론이 확실한 방식의 영업을 선호한다.

이처럼 사상의학에서 말하는 '사농공상'은 체질에 따라 형식적으로 대입한 것이 아니라 심리 기능이 발현되는 현실적인 측면을 기준으로 삼았다. 적성에 맞는 진로나 학과를 선택하는 일 역시 마찬가지다. '특정 학과, 특정 직업, 특정 체질'이라는 식으로 단정하기는 어렵다. 실제 공부하는 현장에서 어떤 기질을 많이 발휘하는지를 따져보는 것이 관건이다. 같은 직업일지라도 발현되는 기질이나 하고 싶은 일의 세부 내용은 체질대로 따라가게 마련이다.

체질별
적성 궁합

태음인

    빠른 변화에 대한 적응력이나 판단력을 요구하는 일보다 농사처럼 꾸준함이 필요한 일이 기본 적성에 맞다. 태음인은 일을 배우는 초기 과정에서는 두각을 나타내는 일 없이 묵묵히 일한다. 그런 만큼 오랜 관계 속에서 신뢰를 얻는 유형이다. 그러다 어느 정도 지위에 올랐을 때 발휘하는 리더십은 탁월하다. 믿고 따르는 후배나 부하가 많은 상사들 중에는 태음인이 많다. 어느 정도의 경험을 축적하기까지는 마음고생을 많이 하고 시간도 오래 걸리지만 풍부한 경험을 바탕으로 아랫사람들을 배려하고 잘 이끌어가기 때문이다. 장사를 한다면 태음인은 물건이 아니라 사람을 바탕으로 한다.

오래 알던 사람, 소개받은 사람의 인간적인 신뢰에 호소하는 방법을 취한다.

변화가 많은 환경에서는 빠른 판단력이 요구된다. 또 낯선 사람을 상대할 때는 상대의 감정 변화를 재빨리 읽어낼 줄 알아야 한다. 그런데 태음인은 이런 직관과 감정 기능이 모두 열등하다. 물론 이런 분야의 일을 태음인이 아예 못한다는 것은 아니다. 다만, 일을 해내더라도 높은 긴장감에 더 고생할 수밖에 없다는 뜻이다.

태음인 중에도 소양기가 강해 영업이나 외향적인 업무를 선호하는 사람도 있다. 자신의 적성이 외향적인 것과 잘 맞는다고 스스로 착각하기도 한다. 그러나 소양인은 외향적인 일을 즐기면서 하는 것과 달리, 태음인은 어깨와 등이 아프거나 두통, 신경성 위경련 등 각종 긴장성 질환에 시달리면서 어렵게 해낸다는 차이가 있다. 마음으로는 선호하는 일이라도 기본 적성에 맞지 않으면 내면의 갈등이 심해져 몸의 반응으로 나타난다. 상업을 비롯해 환경 변화가 빠른 직업군에 종사하는 태음인은 긴장성 질환을 피해 가기 어렵다.

소양인

단조로운 일에는 금방 싫증을 내고 스트레스를 받는 반면, 새로운 도전이나 긴장된 상황에서는 오히려 뛰어난 능력을 발휘한다. 한마디로 변화가 많은 상황을 즐긴다. 소양인에게 농사처럼 단순하게 반복되는 일은 창살 없는 감옥이나 다름없다.

소양인이 물고기라면 현대 도시 사회는 물과 같다. 현대사회는 소양기가 지배하는 사회다. 하루가 다르게 새로운 물건이 나오고 여기저기서 새로운 일들이 터진다. 인간관계 역시 소비적이며 일회적이다. 바삐 돌아가는 현대사회에서는 사실 서로를 속속들이 이해하고 배려해주는 오랜 관계가 많지 않다. 이런 도시생활에서는 당연히 소양인이 적응하기가 가장 수월하다. 반대로 태음인은 가장 힘겹다. 인간관계나 환경의 변화가 심하지 않았던 농경 사회에서는 태음인이 절대적으로 유리했던 반면 소양인에게는 고역이었을 것이다.

소양인은 공평하고 책임 소재가 분명한 직업을 선호한다. 업무 영역이 확실하고 자신의 업무만 확실히 하면 되는 직업에 만족할 수 있다. 이런 의미에서 공과功過가 분명하고 특별한 허물만 없으면 자동으로 진급되는 '공무원'에 가장 적합한 기질이라고 할 수 있다. 한마디로 진취적이고 적극적으로 새로운 분야를 개척해나가는 유형은 아니라는 얘기다. 열 가지를 잘하기보다 단 한 가지라도 자신이 잘못해서 책임지는 상황이 생기지 않는 게 좋다는 것이 소양인의 생각이다. 현재가 만족스럽다면 굳이 더 많은 일을 벌여 골칫거리를 만들기보다 현재를 즐기자는 식이다. 반대로 소음인은 뭔가에 꽂히면 그 일의 책임이 누구에게 있느냐는 중요하지 않다. 일단 파고들고 본다. 당연히 공무원 스타일과는 안 맞는다.

소양인은 계산이 빠르고 수리에 밝아 돈과 관련된 일도 적성에 잘 맞는다. 지나치게 꼼꼼해야 하거나 반복적인 일, 혼자서 많은 시간을 보내는 일은 적합하지 않다. 또 직접적인 책임을 맡아야 하는 간부 자리에도 어울리지 않는다. 소양인에게 가장 좋은 직업은 한마디로 겉보기에 폼은 나면서 책임질 것은 적은 일이다.

또 소양인은 감정 기능이 우월해 엔터테이너 기질이 강하다. 여럿이 모인 자리에서 분위기를 밝게 만드는 재능이 탁월하다. 이런 기질 때문에 연예인 중에는 소양인이 단연 많다.

소음인

소음인은 자기 식대로 연구하고 개발하는 직업이 어울린다. 범위가 좁고 깊이 몰입할 수 있는 직종이 적성에 맞다. 반면 많은 사람들과 어울리거나 사교적인 활동에는 스트레스를 받는다. 한두 사람과 깊이 있게 지내는 스타일이라 폭넓은 인간관계를 요구하는 직업은 어울리지 않는다.

영업이나 사업을 하더라도 자신만의 전문성을 발휘할 수 있는 분야를 선호한다. 장사를 할 때 소양인은 손님이 뭘 원할지를 먼저 파악하고 그에 맞는 상품을 권한다. 하지만 소음인은 "이건 이렇고 저건 저러니 이렇게 하는 게 좋을 것 같다"라는 식으로 자기 생각을 먼저 권한다. 상대의 의중을 파악하는 일은 뒷전이다. '내가 전문가'라는 자신감으로 '나는 이걸 권할 테니 사려면 사고 말려면 마라'라는 게 소음인 영업의 기본 생각이다. 다만, 전문적인 설명을 요하는 물품은 소음인의 지식을 바탕으로 한 영업이 장점이 될 수 있다.

소음인에게 영업 직종은 가장 갈등을 빚기 쉽다. 반면 태음인은 소음인만큼 갈등을 빚지는 않지만 소양인만큼 단기간에 잘해내기도 어렵다.

이처럼 체질별로 정신 에너지를 덜 소진하면서 자연스럽게 적응할 수 있는 분야가 있고 그렇지 않은 분야도 있다. 어떤 것이 좋을까? 처음에는 어려움을 겪다가도 나중에는 점점 숙련되어 독자적인 경지에 이를 수도 있다. 또 처음부터 자신의 적성에 잘 맞는 일로 출발해 좋은 성과를 거둘 수도 있다. 인생에 정답이 없는 만큼 '꼭 이렇게 해야 한다'라는 법은 없다. 다만, 내가 지금 하고 있는 일이 너무나 힘들다면, 그 일이 타고난 내 심리적 성향과 맞는 것인지 점검해볼 필요는 있다.

직업으로 알아보는 적성과 체질

    수많은 직업을 사상의학의 네 가지 체질로 분류하는 것은 불가능하다. 다만, 각각 직업의 주된 직무 방식과 주로 활용하는 정신 기능을 네 가지 체질로 크게 분류해본다면, 아이에게 맞는 미래의 그림을 그리는 데 도움이 될 것이다.

연예인

    단연 소양인이 많다. 특히 개그맨처럼 사람들의 정서나 감정을 파악하고 순발력 있게 표현해내는 직업에서는 소양인이 두각을 나타낼 수 있다. 체질별로 비유해보자면 소음인은 썰렁한 '사오정' 식 개그, 태음인은 미리 구상해놓은 대본에 충실한 개그, 소양인은 각본 없이 상대의 말을 재치 있게 되받아치는 식의 개그에 능하다. 타고난 기질에 맞는다고 '개그맨＝소양인'으로 등식화할 수는 없다는 뜻이다.

운동선수

운동선수 중에는 태음인이 많다. 지루함의 극복과 끝없는 연습이 관건인 운동 종목일수록 더 그렇다. 반면 지구력보다 순간적인 순발력이 요구되는 운동에는 소양인이, 정교한 기술 연마가 필요한 운동에는 소음인이 많다.

엔지니어, 연구원

단연 소음인이 많다. 특히 기계를 다루고, 한 가지에 몰입하는 치밀한 논리적 사고가 필요한 이공계 분야에서는 소음인이 재능을 발휘할 수 있다.

순수 자연과학 · 컴퓨터 직종

소음인이 두각을 나타낼 수 있고 적성에도 가장 잘 맞는다. 태음인은 순수과학을 전공하다가도 깊이 파고들기보다 다른 연계 분야를 선호하거나 결국에는 진로를 바꾸는 경우가 많다. 태음인이 아무리 몰입해도 소음인만큼 몰입하기는 어렵기 때문이다.

의료인

같은 의사라도 세부 전공에 따라 그에 맞는 적성이 달라진다. 정신과처럼 논리적이며 깊은 사고력을 요구하는 분야는 소음인이 유리하다. 응급의학과처럼 순발력이 요구되는 분야는 소양인이, 수술을 하더라도 열 시간 넘게 해야 하는 흉부외과, 정형외과 분야는 태음인이 유리하다.

전공이 같은 의사라도 체질이 다르면 관심 분야나 진료 방식도 달라지게 마련이다. 소음인은 좀 더 효율적인 방법이 없을지 늘 고민한다. 태음인은 상대를 배려하면서 반복되는 일을 묵묵히 해나간다. 소양인은 어떻게 하면 일이나 책임은 덜 맡으면서 외적으로 좋은 평판을 유지할지에 관심을 갖는다.

교사

교직도 어느 연령대를 가르치느냐에 따라 여러 직종이 있다. 유치원이나 어린이집 같은 유아교육 분야에는 단연 태음인이 많다. 말이 잘 통하지 않는 어린아이들의 미숙한 행동을 몸과 마음으로 보듬어주는 직업이기 때문이다. 아이를 돌보는 일은 논리적인 소통을 원하는 사고 성향의 소음인에게는 잘 안 맞는다. 또 보이지 않는 곳에서 묵묵히 아이들을 돌보는 일은 화려한 평판과는 거리가 먼 일이기에 소양인이 선호하지 않는 경향이 있다.

영업인

영업은 기본적으로 소양인에게 유리한 직종이다. 소양인은 제품의 기능이나 구조 등에 대해 치밀하게 공부하기보다는 "싸다" "최신형이다" "할인 중이다" 등의 솔깃한 말로 고객의 감정을 한순간 사로잡아 실적을 올리는 유형이라고 할 수 있다. 반면 소음인은 컴퓨터, 자동차 등 전문적인 지식이 필요한 제품을 판매할 때 논리적으로 설득하려 한다. 태음인은 인간적 신뢰를 통해 실적을 늘려가는 유형이다.

금융업

은행원, 회계사 등 계산에 밝아야 하는 직업은 소양인에게 유리하다. 반면 태음인은 돈을 직접 다루는 일에 스트레스를 받는다.

공무원

공직은 일의 성과를 내는 방식이나 승진 평가 등이 사기업과는 사뭇 다르다. 특정한 프로젝트를 잘해내어 성취도를 높이기보다는 맡은 책무를 큰 실수 없이 해내면 빠르게 승진할 수 있다. 그런 측면에서 소양인의 적성에 딱 맞는다고 할 수 있다. 업무 목표를 초과 달성하는 것보다는 한 번이라도 큰 실수를 하지 않는 것이 중요한 직종이다. 그런데 소음인은 한 가지 일도 대충 마무리하는 것이 아니라 끝을 보고 싶어하기에 행정직에 있으면 오히려 갑갑하고 진취적이지 못한 일이라는 불만을 품기도 한다. 그래서 소음인은 남들이 다 부러워하는 직책이라도 그만두고 나오는 경우가 많다.

법조인

법조계는 논리적인 사고력을 필요로 한다는 면에서 머리 쓰는 일을 선호하는 소음인에게 가장 적합한 직종이다. 고시생들 가운데 소음인이 많은 것도 이런 이유에서다. 고시에 미련을 못 버려 몇 년째 도전하는 이들 중에도 소음인이 많다. 물론 태음인, 소양인도 선호하는 직업인 만큼 실제로는 다양한 체질의 사람들이 법조계에서 일하고 있다.

종교인, 철학자

추상적이며 관념적인 사고를 요하는 분야인 만큼 소음인이 많다. 태음인은 종교에 대해서도 '믿느냐 마느냐'라는 신뢰의 문제를 고민해 소음인처럼 종교 자체의 관념적 이론을 파고드는 성향은 덜하다. 소양인에게 철학이나 종교 분야는 상극이나 다름없다. 쉽게 말해 '그런 걸 왜 고민하느냐'라는 태도다.

소음인은 종교 지도자가 됐을 때 사욕을 챙기다가 추문에 휩쓸리는 일이 종종 있다. 자칫 독선에 빠지면 타인의 시선을 전혀 의식하지 않는 체질이기에 더욱 그렇다. 종교 지도자들 중에서 공금을 사적인 용도로 유용하고도 '그게 무슨 큰 잘못이냐'라는 태도를 보이는 사람들 중에도 소음인이 많다. 사이비 종교 교주도 소음인일 가능성이 높다.

이렇게 몇 가지 직업의 예만 보더라도 체질과 적성을 단편적으로 대입할 수는 없다. 하지만 같은 전공, 같은 직업 안에서도 체질에 따라 자기 적성에 보다 잘 맞고 덜 맞는 경우는 분명히 존재한다. 일을 하면서 왜 스트레스를 받는지, 어떤 일이 심리적으로 안정감을 줄 수 있는지의 해답은 바로 체질에 있다.

Chapter 4

몸과 마음을 조화롭게 만드는
우리 아이 체질 건강법

＊태양인은 1만 명당 2~3명 정도의 인구 분포로 그 사례가 많지 않으므로
관련 내용을 생략합니다.

학습 보약 총명탕, 제대로 알고 먹이자

총명탕을 먹으면 아이가 공부를 잘하게 될까? 그렇다면 한의사들의 자녀는 모두 명문대에 입학해야 하지 않을까? 머리가 아무리 좋고, 좋은 한약을 먹어도 스스로 공부하지 않으면 학업 성취는 없다. 지능과 성적은 꼭 비례하지 않는다. 공부를 잘하려면 뚜렷한 목표 의식과 꾸준히 버틸 수 있는 체력이 있어야 한다.

그런 의미에서 총명탕은 정신과 몸을 동시에 사용해야 하는 학습에 유리한 몸을 만들기 위한 약일 뿐이다. 따라서 유행처럼 총명탕 한 가지로 해결하려 하지 말고 아이의 타고난 마음자리와 체형, 체질, 현재의 주요 증상 등을 면밀하게 고려해야 한다.

『동의보감』에서 말하는 '총명탕'은 건망증을 치료하는 처방이다. 허준 선생 역시 "총명탕은 건망을 다스리며, 오래 먹으면 매일 천 마디의 말을 기억한다"라고 썼다. 그런데 이것이 '먹으면 지능 지수가 올라가고 암기도 잘되는' 약인 것처럼 과장됐다.

총명탕의 처방은 비교적 간단하다. 들어가는 약재는 백복신, 원지, 석창포, 생강의 네 가지가 전부다. 백복신은 심장이 허약해서 잘 놀라고 가슴이 두근거리는 증상에, 주로 소양인에게 효과가 좋다. 소양인의 타고난 약점인 신장의 기운을 보강해 마음을 안정시키는 효과가 있다. 원지와 석창포는 오래된 화병이나 울증에 쓰는 약이다. 이것은 태음인에게 맞는 약으로, 소음인과 소양인에게는 별 효과가 없다. 체질에 안 맞는 약을 쓰면 가슴이 답답해지고 두통이 생길 수 있다. 마지막으로 생강은 소음인의 약이다. 위장 경락에 작용해 소화를 촉진한다. 입맛을 돌게 하고 혈액순환을 원활하게 해 몸을 따뜻하게 해준다. 몸에 열이 많은 소양인에게는 상극이다.

이처럼 『동의보감』의 총명탕은 각각의 체질에 맞게 처방된 약이라고 보기 어렵다. 사상의학에 조예가 있는 한의사라면 '학습을 위한 만병통치약'처럼 사용하지 않을 처방이다. 이 네 가지 약재 외에도 녹용이나 홍삼 등 막연히 몸에 좋다는 약재 여러 가지를 더 추가해서 만든 총명탕도 있다. 인삼이나 홍삼이 독이나 마찬가지인 소양인, 태음인에게는 백해무익이다.

학생들은 학습량이 많아서 심신이 지치는 것이지 건망증이라는 병이 있는 것이 아니다. 따라서 오랜 시간 많은 양의 학습을 버틸 체력을 만드는 것이 관건이다. 체질을 정확히 분석한 뒤 부족한 것을 보강하는 약재를 처방하면 몸은 얼마든지 좋아질 수 있다. 인간의 뇌가 매일 오랜 시간 집중하기 위해서는 맑은 산소와 혈액 공급이 필요하다. 이를 원활하게 도와주는 것이 바로 학습 보약이다.

태음인 총명탕과 몸무게 관리

태음인 수험생은 무엇보다 비만 관리가 중요하다. 원하는 만큼 학습 환경이 조성되지 않거나 성적이 나오지 않으면 먹는 것으로 욕구불만을 해소하려 하기 때문이다. 태음인 수험생들 중에는 1년에 2~3킬로그램씩 살이 찌는 학생이 많다. 특히 여학생들이 이런 증상이 심하다.

평균보다 몸무게가 늘어나면 그만큼 학습 능력이 떨어진다고 봐도 무방하다. 뇌에 혈액이 원활히 공급되어야 공부도 잘되는 법이다. 그런데 먹는 양이 많아지면 위장에 혈액이 몰리면서 뇌로 가야 할 혈액량이 줄어든다. 과식을 하면 금세 졸린 것도 이런 이유에서다. 머리가 둔탁하고 눕거나 자고 싶어진다. 집중력은 조금 배고픈 듯한 상태일 때 가장 좋다.

이런 경우에는 총명탕의 효과가 적다. 태음인의 학습 보약은 비만 여부와 식사 습관이 기준이다. 자녀가 계속 살이 찐다면, 혈액 순환을 빠르게 해주는 한약으로 몸무게를 관리하면 몸이 훨씬 가벼워지고 집중력도 좋아진다. 행여 설사를 유발하는 방법으로 살을 빼면 몸이 처진다. 기초대사량을 높이는 방법으로 살을 빼면 체력이 더 좋아진다는 점을 수험생 보약에도 응용하는 것이다. 살이 찌는 것은 3킬로그램 정도 되는 담요를 어깨에 올려놓고 공부를 하는 것과 같다. 담요를 걷어내기만 해도 몸이 훨씬 가벼워진다.

태음인 수험생은 꾸준한 기질을 발휘해 책상에만 앉아 있느라 운동량이 턱없이 부족해 살이 찌기 쉽다. 결국 이로 인한 비만과 신진대사의 저하가 학습 효율마저 떨어뜨린다. 식욕을 촉진하는 인삼이나 홍삼 등의 보약은 오히려 살을 찌우고, 몸속에 열이 몰려 두통이나 무기력감, 답답함 등의 부작용만 낳는다. 살을 적당히 빼면서 보약을 써야 제대로 효과를 볼 수 있다. 그런데도 공부하는 아이가 측은한 마음에 매일 밤 간식을, 그것도 살이 찌기 쉬운 보양식을 챙겨주는 엄마들이 있다. 태음인 아이에게 밤참은 독이나 마찬가지다.

소양인 총명탕과 들썩이는 엉덩이

소양인은 몸에 열이 많은 체질이다. 그리고 타고난 성정이 외향적이고 감정적이다. 따라서 좁은 곳에 틀어박혀 따분한 공부를 반복하며 긴 시간을 보내야 하는 학습 환경은 소양인 아이에게 최악의 조건이다. 소양인은 혼자 있을 때 스트레스를 가장 심하게 받는다. 그래서 소양인은 학습을 할 때도 시야가 탁 트인 넓은 곳, 사람이 많은 곳을 찾는다.

문제는 이 같은 학습 환경이 주어지지 않을 때다. 소양인은 스트레스를 받으면 내열이 심해져 상기上氣되는 증상들이 나타난다. 신장의 음기가 약해져 정서적으로 불안하고 산만해진다. 한 시간도 진득하게 앉아 있기 힘들어 성적이 떨어질 수밖에 없다.

흔히 소양인을 두고 '엉덩이가 들썩인다' '엉덩이가 가볍다'라고 표현하기도 한다. 이럴 때는 열을 내려 머리를 맑게 해주는 것이 중요하다. 아울러 신장의 음기가 부족하면 지구력이 더욱 떨어지므로, 보음약으로 음기를 강화해주는 것이 소양인 총명탕의 해법이다.

소음인 총명탕과 아침식사

머리는 좋은데 체력이 따라주지 않는 사람들 가운데 소음인이 가장 많다. 이들은 밤 10시만 넘어가면 체력이 달려서 힘들다고 호소한다. 머리도 좋고 학습 의욕도 강하지만 운동하는 걸 싫어해서 체력이 단련되지 않았기 때문이다. 이런 사람들은 정작 집중적으로 공부해야 할 때 체력이 뒷받침되지 않아 좋은 머리로도 원하는 결과를 얻지 못하기 쉽다.

소음인은 겉으로는 열이 나더라도 속에는 냉기가 많은 체질이다. 아침이 되어도 몸의 기운이 빨리 상승하지 못한다. 꽤 오래 잠을 자도 계속 피곤해하고, 아침에 일어나는 걸 유난히 힘들어한다. 등교한 뒤에도 1~2교시까지 멍한 상태로 보내기도 한다. 이런 소음인의 경우 아침식사를 주의해야 한다. 아침을 먹으면 오히려 속이 불편하거나 오전 내내 머리가 멍한 경우도 많다. 학교생활로 인한 두통을 의심해 내원하기도 한다.

TV에서도 '아침식사는 꼭 해야 한다' '두뇌에 에너지 공급이 잘되려면 아침을 꼭 먹어야 한다'라고 주장한다. 그러다 보니 엄마들은 늦잠 자는 아이를 급히 깨워 안 먹으려는 걸 억지로 챙겨 먹이기도 한다. 그러나 소음인은 대체로 소화력이 떨어져 과식이나 불편한 음식에 쉽게 위장 장애를 일으킨다. 또 아침에 몸이 늦게 깨어나는 편인데, 속이 부대끼는 채로 등교하면 오전에 집중력이 더 떨어진다. 소음인은 아침식사로 인한 득보다는 실이 더 많다.

소음인 아이는 가벼운 간식에 따뜻한 차(생강, 꿀, 인삼, 둥굴레 등) 한 잔을 곁들이는 정도면 충분하다. 예로부터 '선비는 1일 2식'이라는 말도 있다.

소음인 아이들은 체력이 심하게 떨어지면 비염이 잘 생긴다. 공부 스트레스로 갑갑증을 느끼면 갈증이 심해져 속이 냉한데도 찬물이나 얼음 등을 자주 찾는다. 당장은 입에서 갈증을 느껴 찬 것이 당기지만, 찬물은 속을 계속 냉하게 만들어 몸 상태가 더 나빠진다. 몸속에서는 찬 기운을 견디지 못해 콧물과 재채기를 동반한 알레르기 비염이 생긴다.

이런 소음인 아이들에게는 허약한 원기를 보하는 약과 소화력 개선에 초점을 맞춘 소음인 총명탕이 좋다. 소화력이 좋아지면 몸이 편안해진다. 비위 기능, 즉 소화기계는 모든 치료의 중심이다. 속이 편안하지 않으면 머리가 맑아질 수가 없다. 전날 술을 마신 어른들의 숙취 상태를 생각해보면 된다. 그런 속으로 공부할 맛이 날까? 속이 편하지 않은 체질은 무엇보다 속을 편안하게 해주는 보약이 최고다.

태음인

아이라도 자신이 억울했거나 다쳤던 장면을 오래 기억한다. 태권도처럼 직접 몸을 부딪치거나 치고받는 운동에는 심리적인 상처가 남기 쉽다. 배우는 동안에 많이 넘어져야 하는 자전거나 스키, 상대와 겨뤄야 하는 복싱이나 검도 등 격투기 종목도 너무 어린 나이에는 좋지 않다. 자신이 맞을 때 아팠던 것을 뚜렷하게 기억하기에 상대방을 적극적으로 가격하지 못한다. 소극적으로 가격하면 상대방도 그럴 거라는 기대를 가져보지만 막상 현실은 다르다. 그렇다고 피해 다닐 수만도 없기에 정신적인 갈등을 느끼게 된다. 태음인 아이에게는 경쟁이나 갈등을 느끼지 않고 혼자서 편안하게 꾸준히 할 수 있는 종목이 좋다. 특히 땀이 잘 나는 운동이 바람직하다.

소양인

태음인과 달리 어려서부터 승부욕이 강한 체질이다. 그래서 혼자 하는 운동은 흥미를 못 느낀다. 순발력이 뛰어나 종목에 상관없이 성취동기만 부여되면 어떤 운동이든 두루 잘하는 편이다. 다른 사람과의 경쟁 또는 시합이라는 운동 환경만 조성되면 소양인은 운동을 가장 좋아하는 체질이다. 다만, 마라톤처럼 너무 오랜 시간 단조롭게 진을 빼는 운동은 금물이다. 순간순간 변화가 없는 것은 운동이나 공부나 금방 지쳐버린다.

소음인

정적이라 웬만해서는 자발적으로 운동을 즐기지 않는다. 대신 책을 읽거나 혼자 노는 걸 더 선호한다. 소음인은 어려서 밥을 잘 안 먹고 허약한 경우가 많다. 운동을 꾸준히 해야 식욕도 좋아지고 성격도 활발해진다. 초등학교 때 운동 습관을 들이지 않으면 힘들다. 막상 공부에 박차를 가해야 할 때 체력이 약해서 어려움을 겪을 수 있기 때문이다. 반면 운동을 하면서 몸이 달라지는 게 가장 눈에 띄는 체질이 바로 소음인이다. 대신 지구력이 좋지 않은 만큼 긴 시간 무리한 운동은 정기를 손상시킨다. 짧은 시간에 전신 운동이 되는 것이면 종목은 상관없다. 본인이 하기 싫은 종목을 억지로 하게 만드는 것도 좋지 않다.

체질별 음식 가려 먹기의 득과 실

체질에 대한 관심은 음식 골라 먹기로 이어진다. 체질에 따라 특정한 음식을 골라 먹으면 건강해진다는 논리다. 물론 건강이 크게 나빠진 경우에는 체질에 맞는 약을 골라 투약해야 한다. 이때는 음식 한 가지라도 가려 먹는 게 좋다. 하지만 큰 질병이 없다면, 음식 가려 먹기는 그 자체로 스트레스를 유발해 심신에 두루 좋지 않다.

태음인

태음인 아이들이 첫 번째로 주의해야 할 것은 비만이다. 굳이 음식의 종류를 일일이 따지기보다 먹고 싶은 것을 골고루 먹되 살이 찌지 않게 하는 게 관건이다. 태음인은 스트레스만 받지 않으면 소화력에 문제가 없다. 조금 과장된 표현으로 돌을 씹어 먹어도 소화할 정도다. 하지만 스트레스를 받으면 상황이 달라진다. 어제까지 멀쩡하게 잘 먹던 음식도 갑자기 체하고 두통이 생긴다.

인삼, 홍삼, 생강, 마늘 등 소음인에게 맞는 약재는 태음인에게는 좋지 않다. 식욕이 촉진되고 내열이 몸에 쌓여 피로감을 가중시킨다. 태음인 아이의 건강관리법으로는 음식을 가려 먹기보다는 땀을 자주 낼 수 있도록 가벼운 운동을 꾸준히 하는 것이 중요하다. 녹차나 결명자차를 연하게 꾸준히 마시는 것도 도움이 된다.

소양인

소양인 아이들은 식사보다는 군것질거리를 좋아한다. 소화력이 워낙 좋아서 식사 습관이 불규칙한 편이다. 그리고 한꺼번에 많이 먹거나 대충 때운다. 그렇게 먹어도 소양인은 큰 불편을 느끼지 않는다. 다만, 신물이 오르거나 복부에 불쾌감이 느껴질 때는 식사 습관을 규칙적으로 만드는 것이 중요하다. 또 너무 맵고 짠 음식의 비율을 조금씩 낮춰주면 불편한 증상도 금방 회복된다. 소양인 역시 태음인과 마찬가지로 인삼, 홍삼, 생강, 마늘이 몸에 전혀 안 맞는다. 열을 내려주는 보리차, 녹차가 도움이 된다.

소음인

소음인은 과식과 편식을 피하는 게 관건이다. 위장 기능이 가장 약한 체질이기 때문이다. 아무리 체질에 맞는 음식이라도 양이 많으면 속이 부대낄 수 있다. 밀가루 음식이나 기름진 음식을 소화하지 못할 때는 당장 금하는 게 상책이다. 소음인은 인공 감미료나 빵에 들어가는 방부제, 각종 첨가물 등에도 민감하고 잘 소화하지 못한다. 소화가 안 될 때는 식사량을 줄이는 것이 좋다. 끼니때를 넘겨서 급하게 먹으면 식곤증을 잘 느낀다.

소음인은 몸속에는 냉기가 많아도 겉으로는 뜨끈뜨끈할 정도로 열이 날 때가 있다. 당장 열이 올라 갈증이 난다고 찬물이나 얼음을 자주 먹으면 속이 더 냉해져 건강을 해칠 수 있다. 몸이 차가워지면 다시 갈증이 심해지는 악순환이 반복된다. 소음인은 속이 따뜻해지도록 물 한 잔도 따뜻하게 마시는 게 좋다.

평소 둥굴레차, 생강, 꿀, 마늘, 인삼, 홍삼 등을 먹는 것이 좋다. 특히 생강은 모든 차를 대신해서 자주 먹는 것이 이롭다. 닭고기, 장어, 파, 마늘, 찹쌀, 좁쌀, 들깨, 깻잎 등도 소음인에게 좋은 음식이다. 모두 속을 따뜻하게 해주는 음식이다. 반면 녹차, 홍차, 커피 등은 속을 차게 만들어 좋지 않다. 이 외에도 찬 기운이 강한 오리고기, 돼지고기, 빙과류, 찬 음료, 찬 과일 등은 몸 상태가 안 좋을 때는 연이어 먹지 않는 것이 좋다.

체질과 상관없이 방부제나 색소, 인공 첨가물이 많이 든 패스트 푸드는 무조건 피하는 게 좋다. 이는 체질대로 음식을 가려 먹는 것보다 우선해야 할 원칙이다.

보약이 되는
체질별 수면 습관

'잠이 보약'이라는 말처럼 적절한 수면은 학습 능률 조절에도 중요한 요소다. 몸 건강은 물론이고 정신의 집중력과도 직접 연관된다. 그렇다고 충분한 수면을 취할 수만도 없는 것이 대한민국 아이들의 현실이다. 따라서 피로 회복의 양상이 체질별로 다른 점을 감안해 효율적인 수면 습관을 만들어가야 한다.

태음인

규칙적인 수면 습관은 누구에게나 중요하지만 태음인에게는 특히 더 그렇다. 시험을 앞둔 학생의 경우, 조급한 마음에 수면 패턴을 갑자기 바꾸면 타격이 매우 크다. 소양인 친구들의 벼락치기나

밤샘 공부는 따라 하지 않는 게 좋다. 시험 컨디션을 떨어뜨려 아는 문제도 틀리기 십상이다. 시험공부 할 시간이 정 부족할 때는 밤늦게까지 공부하는 것보다 아침에 한두 시간 더 일찍 일어나 공부하는 것이 좋다.

태음인 수험생들은 중요한 입시를 3개월 정도 앞두었을 때는 평소의 수면 습관을 최대한 유지해야 한다. 또 카페인에 가장 민감한 체질이니, 시험을 앞두고 커피나 녹차, 홍차 등은 삼가는 것이 좋다. 한창 공부해야 할 밤 8시부터 12시 사이에 주로 졸음이 온다면, 몸 관리나 몸무게부터 점검하고 간식 섭취를 자제해야 한다.

소양인

소음인이 한번 잠들면 업어가도 모를 정도라면, 소양인은 주변의 작은 소음에도 금방 잠이 깬다. 피곤하거나 아파도 잘 깬다. 소음이 심한 환경에서는 숙면을 취하지 못한다. 부득이한 경우에는 숙면을 위해 조용한 클래식 음악을 틀어주는 것도 좋은 방법이다.

반면 환경 변화나 잠자리가 바뀌면 긴장해서 잠을 제대로 못 이루는 태음인과 달리, 소양인은 환경 변화에는 비교적 잘 적응한다. 또 두세 시간 정도의 쪽잠을 자면 소음인이나 태음인은 맥을 못 추고 비몽사몽인 데 반해 소양인은 컨디션 회복이 상대적으로 빠르다. 소양인이 벼락치기 공부에 능한 것도 이런 수면의 특성과 관련이 있다.

소음인

소음인은 '올빼미형' 수면 습관이 되기 쉽다. 아침형 인간과는 거리가 멀다. 밤에는 말똥말똥해져서 잠을 잘 안 잔다. 어릴 때부터 이런 양상이 나타난다. 중고생의 경우 밤에 집중력이 좋아지고 아침에는 몸 상태가 안 좋은 것을 자신이 몸으로 느낀다. 그렇기 때문에 주로 밤늦게 학습하고 아침에는 잘 못 일어난다. 학교에 가서도 1교시는 비몽사몽간에 흘려보내기 쉽다. 이런 수면 습관은 성인이 되어서도 마찬가지다. 아침잠이 많아서 지각대장이 되기 쉽다. 기상 후 컨디션이 정상으로 돌아오기까지 가장 오래 걸리는 체질이다.

아침잠이 많은 건 체질이니 어느 정도 인정해줘야 하지만, 너무 늦게 잠자리에 드는 것은 자제해야 한다. 밤 11시부터 새벽 3시 사이는 성장호르몬과 피로 회복에 관여하는 호르몬의 분비가 가장 왕성한 시간이다. 청소년들은 이 시간대에 숙면을 취해야 한다. 몸의 성장은 물론이고 피로 회복, 신체 면역 기능이 모두 잠과 관련된다. 수험생의 경우 올빼미형 수면 습관이 굳어지면 중요한 시험을 치르는 1교시에 집중이 어려워진다. 평소 굳어진 습관이 시험 때라고 갑자기 달라지지 않기에 평소에 조금씩이라도 일찍 자는 습관을 들이는 것이 좋다.

청소년기 수면 습관과 관련해 주의할 것이 있다. 바로 기면증이다. 기면증에 걸리면, 책상에만 앉으면 잠이 들거나 아침에도 못 일어나고 계속 자려 한다. 심한 경우에는 중요한 시험 도중에 잠에 빠지기도 하는데, 대부분 학습 스트레스와 연관이 있다. 이럴 때 아이가 학교에 적응하지 못하거나 부모와의 소통 문제는 없는지 살펴봐야 한다. 특히 소음인은 자존심에 상처를 입거나 그로 인해 의욕을 상실했을 때 기면증 증상을 보인다. 태음인은 하기 싫거나 공포감에 회피하고 싶은 일을 겉으로는 표현하지 못하고 무의식적으로 도피하려는 과정에서 나타난다. 소양인은 외향적인 기운이 발산되지 못하는 주변 상황에 대한 항의 표시나, 주위의 동정과 연민을 유발하기 위한 심리에서 나타난다.

기면증을 단순한 만성 피로로 보고 보약을 처방해서는 증상이 별반 달라지지 않는다. 무의식에서 겪고 있는 환자의 어려움을 정확히 진단하는 것이 관건이다.

우황청심환
vs
마인드 컨트롤

시험을 앞두면 누구나 불안과 긴장이 심해진다. 적당한 긴장은 오히려 집중력을 높여준다. 하지만 어떤 사람들은 시험만 다가오면 두통이나 신경성 위장병, 배탈로 고생한다.

소음인의 불안은 상상 속에서 나오는 불안이다. 소음인 아이들은 시험을 보기 전부터 시험 결과를 걱정한다. '시험문제가 어렵게 나오면 어쩌지?' '시험을 망칠 것 같다' 등의 불안을 주변 사람들에게도 그대로 드러내 보이는 게 특징이다.

반면 태음인은 불안을 겉으로 잘 드러내지 않는다. 대신 두통 등 몸에서 먼저 증상이 나타난다. 태음인이 느끼는 불안은 과거의 실패가 똑같이 반복될 것 같은 걱정에서 비롯된다.

소양인은 시험 자체에 대한 불안이나 긴장감은 적다. 대신 시험 직전까지도 '공부해야지 공부해야지' 하며 계속 미루다가 닥쳐올 결과를 두려워한다. 소양인의 이런 두려움은 자신만 느끼는 순간적인 불안이다. 그래서 주변 사람들이 잘 알아차리지 못한다. 소양인의 불안증은 대개 별다른 치료 없이도 스스로 잘 극복한다.

부모는 아이들이 보이는 모습을 파악해 잘 이끌어주어야 한다. 어떤 사람들은 시험을 앞두었을 때의 긴장 때문에 약을 찾기도 한다. 대표적인 예가 우황청심환이다. 부모들은 큰 부작용이 없으니 밑져야 본전이라는 잘못된 생각에 수험생 자녀에게 무심코 약을 건넨다. 하지만 중요한 시험 당일에 평소 안 먹던 약을 먹고 오히려 탈을 일으키는 경우가 많으니 주의해야 한다.

그런데 과연 우황청심환은 시험 불안증을 호전시키는 데 도움이 될까? 우황청심환은 응급 치료약이다. 중풍이나 급성 심장병으로 쓰러져 인사불성이 되거나 사지 마비가 왔을 때 쓰는 약이다. 오늘날처럼 응급 의료 체계가 없던 시절에 유용하게 쓰였다. 우황, 사향, 주사 등은 경련을 멈추고 막힌 기혈을 뚫어 사람을 기사회생시키는 약으로 유명해졌다. 그런데 '주사'는 중금속인 수은이 함유된 금지 약물이며, '사향'과 '우황'은 워낙 고가의 약재라 진품을 구하기가 어렵다. 그래서 오늘날의 우황청심환은 중요한 성분이 제대로 함유되지 않은 것이 많고, 더구나 애초 시험 불안증을 용도로 만들어진 약도 아니다.

중요한 시험을 앞두었다면 약보다는 마음가짐을 챙겨야 한다. 태음인 아이는 뭐든 평소대로 해야 그나마 긴장을 덜 수 있다. 우황청심환도 무용지물이거니와 시험을 앞두고는 참고서나 필기구조차 바꾸지 않는 것이 좋다. 태음인 아이가 제 실력을 발휘하려면 자고 먹고 입고 하는 것을 늘 하던 방식 그대로 유지하며 실제 시험과 유사한 환경에서 꾸준히 반복 학습하는 길밖에 없다.

소음인 아이 역시 약의 효과는 거의 없고 마인드 컨트롤이 중요하다. '평소만큼만 하자'는 목표로 하면 막연한 불안감을 잠재울수 있다. 불안과 긴장은 '모르는 부분까지 다 맞혀야 한다'라는 욕심에서 비롯된다. 그러다 보니 '모르는 문제가 나오면 어떡하나'라는 또 다른 불안이 꼬리에 꼬리를 물고 이어지는 것이다. 그러므로 '아는 것만 제대로 맞히자' '모르는 문제는 넘겼다가 시간이 허락하면 최선을 다하면 돼'라는 마음가짐이 필요하다. 어떠한 상황에서도 시험을 잘 봐야 한다는 마음을 내려놓아야 한다.

부모들에게도 마인드 컨트롤이 필요하기는 마찬가지다. 아이가 불안해한다고 부모가 더 호들갑을 떨며 특정한 약이나 음식을 권하면 아이들은 더 불안해진다. 주변에서 담담한 태도로 대해줘야 덜 긴장한다.

올림픽에서 레슬링 2연패를 달성한 심권호 선수는 한 방송에서 올림픽 출전을 앞둔 후배들에게 이렇게 충고했다.

"이제부터는 최선을 다하려고 하지 마라. 더 잘하려고 욕심 부리다가 부상을 입거나 컨디션 조절에 실패한다. 평소 실력만 발휘한다는 생각으로 컨디션 조절만 해라."

큰 시험을 앞둔 수험생과 학부모들이 새겨들을 만한 대목이다.

Part
03

위기의 아이,
체질학습이 대안이다

Chapter 1

공부,
체질에 맞게 시켜라

*태양인은 1만 명당 2~3명 정도의 인구 분포로 그 사례가 많지 않으므로 관련 내용을 생략합니다.

사심신물의 조화가
공부의 성패를 좌우한다

사상의학에서는 모든 현상을 '사심신물事心身物'이라는 네 가지 차원으로 나누어 인식한다. 요즘 말로 풀이하자면 정신, 심리, 몸, 물질의 4차원이다. 사事란 순수한 '정신' 또는 '뜻'을 의미한다. 심心은 사람과 사람이 공감할 수 있는 '마음'이다. 신身은 자발적으로 하는 '행동' 또는 '몸'을 일컫고, 물物은 정신의 지배를 덜 받는 '물질'로 해석한다.

공부 역시 마찬가지다. 공부를 하겠다는 뜻을 세우고 성취동기를 갖는 것이 '사'다. 장래 희망이나 포부가 이에 해당한다. 다음으로는 열렬한 마음이 필요하다. 그러나 공부가 뜻과 열정만으로 이루어질까? 행동해야 한다. 학습은 몸으로 꾸준히 실천해야 가능하다. 여기에 학원, 과외, 보약 등의 도움도 필요하다. 이런 것들이 물질이라 할 수 있다. 체질학습 역시 사심신물이 혼연일체가 되어야 온전한 성취에 이를 수 있다.

사상의학적 관찰의 4차원		적용의 예 - 공부
사(事)	정신, 뜻 →	성취동기, 학습 목적
심(心)	마음, 열정 →	열렬한 마음
신(身)	몸, 행동 →	몸을 통한 학습
물(物)	물질, 조직 →	성적, 과외, 보약 등

아이 스스로 성취동기를
갖게 하는 방법

학습에서 '사事'는 성취동기를 의미한다. 이는 '왜 공부해야 하는 가'라는 물음에 대한 대답이다. 뜻이 있는 곳에 길이 있는 법이다. 뜻이 없는 아이들은 부모가 아무리 열렬한 마음으로 뒷바라지를 하고, 비싼 학원에 보내고, 비싼 보약으로 물질을 충족해도 효과가 없다.

공부 잘하는 아이들에게는 뚜렷한 공통점이 있다. 강남 아이든 시골 아이든 학군과 상관없이 '공부의 목적'이 뚜렷하다는 점이다. 한동안은 부모의 다그침이 무서워서 공부를 할 수도 있다. 그러나 아이가 스스로 뚜렷한 목적이 없으면 언제든 부작용이 드러나게 마련이다. 게다가 중·고등학교에 진학한 뒤에는 뒷심이 달려서 성적이 급격히 떨어진다. 부모들은 '친구를 잘못 만나서' '체력이 약해서' '사춘기가 와서'라고 나름대로 원인을 찾는다. 그러나 결국 '왜 공부해야 하는가'에 대한 해답을 아이 스스로 찾지 못한 결과다. 그 후유증이 시차를 두고 나타난 것뿐이다.

그러므로 초등교육은 아이 스스로 '왜 공부해야 하는가'의 답을 찾는 데 초점을 맞춰야 한다. 뜻을 세우지 못하면 마음이 열렬해질 수도 없고 몸이 따라가지도 못한다. 공부라고 예외일 수 없다.

* * *

고1 A군의 예를 들어보자. 총명탕을 짓기 위해 내원한 엄마가 하소연을 했다.

"저희 아들은 성실하고 하루에 잠도 네 시간밖에 안 자면서 공부하는데 성적은 맨날 제자리걸음이에요. 게다가 최근 2~3년간 꾸준히 총명탕을 먹였는데도 효과가 없어요. 좀 더 효과 좋은 총명탕으로 지어주세요."

과연 A군의 문제가 총명탕 때문일까?

상담을 위해 A군에게 문과와 이과 중 어느 쪽을 선택할지 물었더니 아직 결정을 못 했다고 했다. 희망 학과나 장래에 하고 싶은 직업도 생각해보지 않았다고 했다. 고등학생이 되기까지 엄마가 원하는 대로 이끌려 살아온 듯했다. 한마디로 A군에게는 이루고 싶은 강렬한 꿈이 없었다. A군에게 총명탕보다 더 시급한 것은 성취동기를 부여하는 일이었다.

사심신물로 보자면, A군의 '몸'은 하루 종일 책상 앞에 있고 총명탕이라는 '물질'도 제공되었지만 결정적으로 성취동기, 즉 '뜻'이 없었다. 그런데도 A군의 부모나 A군 자신은 엉뚱한 데서 원인을 찾고 있었다.

필자는 그동안 부모에게 주입받은 것이 아니라 지금부터 A군 자신이 원하는 것이 무엇인지를 돌아보라고 조언해주었다. 뜻이 있어야 마음이 움직이고 몸도 따라가는 법이다. 뜻이 없으니 몸도 마음도 무기력해진 것이다. 그리고 총명탕 대신 혈액순환을 돕는 약으로 A군의 몸무게를 3킬로그램 정도 줄여주었다. 뿐만 아니라 공부 목표를 집중적으로 고민하게 했다. A군이 자신의 꿈을 찾고 난 뒤에 병원을 다시 찾아온 엄마는 아들의 집중력이 몰라보게 좋아졌다며 "이번 총명탕이 가장 좋다"라고 흐뭇해했다.

* * *

만약 반에서 1등 하는 초등학생의 꿈이 '주말에 푹 자는 것'이라면? 지금은 부모의 성화에 마지못해 쌩쌩 달리고 있지만 중고교 이후에도 이 아이가 과연 학업을 감당할 수 있을까? 스스로 좋아서 할 때와 다른 사람이 시켜서 할 때의 마음가짐은 다르다. 단기적인 보상을 얻기 위해 하는 일 또한 지속성을 갖기 어렵다. 공부에 필요한 집념과 지구력은 외적인 보상보다 내적 동기에 의해 자극된다.

그런데도 부모들은 공부의 보상 효과를 강조한다. 열심히 공부하면 나중에 돈 많이 벌고 편한 직업을 갖게 된다는 논리만 들이댄다. 하지만 돈이나 권력이 없는 설움을 겪어보지 못한 아이들에게는 와 닿지 않는 얘기다. 부모의 야단이나 학교 선생님의 꾸중이 더 큰 고통일 뿐이다. 그러다 보니 부모들은 "이번 시험에서 90점이 넘으면 게임기 사줄게"라며 단기적인 보상으로 아이들을 공부시키려 한다. 그러나 중고교 진학 이후 학습량이 늘면 단기적인 보상도 더는 안 통한다. 기껏해야 '10분 더 공부하면 배우자 얼굴이 달라진다'라는 우스갯소리에 반응하지만, 이 또한 아이들에게 동기부여가 안 되는 건 마찬가지다.

*　*　*

성취동기는 획일적으로 부여할 수 없다. 이 또한 체질별로 조금씩 차이가 있다. 무엇보다 아이들은 부모의 말을 따르기보다 행동을 따라 한다. 부모가 열정적으로 일하며 행복해하는 모습을 보면서 아이들도 부모처럼 되기를 꿈꾼다.

특히 태음인 아이에게는 모범을 보여야 한다. 이는 가장 쉬우면서도 가장 어려운 방법이다. 태음인은 어린아이라도 상대의 말을 잘 안 믿고, 그 사람의 행동을 보고 판단한다. 말로 하는 약속보다 실천이 관건이다. 부모를 비롯한 주변 사람들 가운데 신뢰할 만한 이들을 보고 따라 하려는 욕구가 성취동기로 이어진다.

소음인 아이에게는 호기심이 관건이다. 호기심이 가는 곳에 모든 정신 에너지가 쏠린다. 따라서 소음인 아이의 호기심을 어떻게 긍정적으로 유발할 것인지에 초점을 맞춰야 한다. 부모가 영어는 이 정도, 수학은 이 정도라고 학습 목표치를 정해주는 것은 아무 의미가 없다. 아이가 호기심을 갖고 빨려들 수 있는 무언가를 찾아주는 노력이 필요하다. 나머지는 소음인 아이들 스스로 찾아간다.

소양인 아이는 재미와 승부욕이 관건이다. 재미없는 것은 소양인 아이에게는 고역이다. 공부에서도 재미와 승부욕이라는 두 마리 토끼로 어떻게 성취동기를 자극할 것인지를 고민해야 한다.

아울러 부모가 미리 정한 목표에 아이를 끼워 맞추려다 보면 항상 아이의 부족한 부분만 먼저 눈에 띄게 마련이다. 그러면 아이의 단점을 지적하며 자꾸 야단치게 되고, 아이는 아이대로 부모의 요구를 힘겨워하게 된다. 결국 삶의 목표는 생각할 겨를도 없이 사춘기를 맞이하게 된다.

아이 스스로 성취동기를 갖게 하기 위해서는 우선 부모의 기대치를 버려야 한다. 아이의 장단점을 그대로 포용해주고, 아이 스스로 한 발씩 나아가는 것을 지켜봐야 한다. 한 걸음 전진할 때마다 칭찬하고 격려해주면, 아이는 자극을 받아 더 큰 성취동기를 갖게 된다. 당장 실패해도 상관없다. 실패한 이유만 제대로 깨닫게 하고 다시 도전할 용기를 갖게 하는 것이 중요하다. 아이는 언제고 해낼 것이며, 한번 성취감을 맛본 아이는 열 번, 스무 번 실패해도 기어이 난관을 극복할 힘을 얻게 된다.

궁극에 이루어질 목표를 위해 지금 기꺼이 돌아갈 줄 모른다면 결과는 언제나 허망할 수밖에 없다. 쉽게 얻어내려 하는 유혹을 견뎌내지 못하면 그만큼 쉽게 파멸하게 된다. 아이들 스스로 공부에 뜻을 세우기 위해서는 부모가 먼저 세속적인 욕심을 떨쳐내야 한다.

공자는 "회사후소繪事後素, 즉 그림을 그리는 일은 흰 바탕이 있고 난 뒤에 가능하다"라고 말했다. 부모가 현실적인 욕심에서 끌어낸 성급한 목표를 버릴수록 아이들은 타고난 바탕 위에 더 빠르고 온전하게 자기 삶의 목표와 성취동기를 갖게 될 것이다.

몸의 이상은
마음이 보내는 구조 요청

'빈 수레가 요란하다'라는 말이 있다. 마음 역시 마찬가지다. 사랑이든 공부든 진심을 다할 때는 소리 없이 뜨겁다. 하지만 열정이 식어 꾸준히 지속할 생각 없이 성급하게 결과만 얻으려 하면 소리만 요란해질 뿐이다.

공부하려는 열정이 식으면 으레 남을 탓하거나 목소리만 커진다. 샘솟는 열정이 없어 마음이 다한 것인데도 관심이 있는 척 스스로를 속이게 된다. 공연히 급해지고 겉으로 드러나는 게 많다는 것은 마음의 열정이 식었다는 신호다. 대개는 자기 자신마저 감쪽같이 속기 쉽다.

공부 과정도 마찬가지다. 아이들의 마음이 꺾인 뒤에는 좋은 결실을 맺기 어렵다. 이것을 몸의 문제나 물질의 문제로 착각하면 해법을 찾기가 어려워진다.

＊ ＊ ＊

B양의 예를 보자. 경기도에 있는 중학교에서 최상위권을 유지하던 B양은 아버지처럼 의사가 되고 싶다는 뜻이 강했다. 아버지는 딸의 고등학교 학군을 고려해 강남으로 전학시켰다. B양 역시 아버지의 기대에 부응하기 위해 열심히 노력했다. 하지만 선행학습의 격차가 워낙 큰 탓에 B양의 등수는 계속 곤두박질쳤다.

이 무렵부터 B양은 부쩍 몸이 피곤하다는 말을 입에 달고 살았다. 특히 아침에 잘 일어나지 못했다. 저녁에는 그나마 집중을 잘했지만 최근에는 밤 10시만 넘어도 피곤해했다. 엄마는 단순한 체력 저하로 여겨 보약을 먹였지만 별 차도가 없었다.

그러던 중 문제가 터졌다. 수학 시험에서 0점을 받은 것이다. 시험 도중에 갑자기 너무 졸려서 깜빡 잠이 들었는데 깨어나보니 이미 시험 시간이 끝난 상황이었다. 황당한 결과를 접한 아버지는 "정신을 못 차렸다"라며 B양을 호되게 혼냈다. 이후 B양은 집에만 오면 더 졸리고, 학교 수업에도 집중하지 못했다. 그러다 전학 온 뒤 성적이 떨어진 친구들과 어울리면서 담배를 배우고 PC방을 전전했다.

B양의 증상은 기면증이다. 단순한 체력 저하나 피곤과는 다르다. 일상생활을 하다가도 마치 최면에 걸리듯 갑작스레 잠에 빠져든다. 자신의 의지나 때와 장소와 상관없이 발작하는데, 때로는 운전 중에 잠들어 큰 사고로 이어지기도 한다.

B양의 기면증은 의지 부족 탓이 아니라 기가 꺾인 데서 비롯된 병이다. 의욕은 넘치는데 현실은 의욕과 너무 괴리가 컸다. 이는 사심신물 가운데 '심心', 즉 마음의 문제다. 아버지가 야단친 것처럼 B양에게 뜻이 없어서가 아니다. 공부하고자 하는 뜻은 강했지만 제 뜻과 다른 현실과의 격차에 지레 질려버려 열정을 끌어내지 못하고 포기해버린 것이다.

소음인 아이들이 기가 꺾이는 것은 대개 자긍심이나 자존심에 상처를 입었을 때다. B양은 이전 학교에서는 1등만 하다가 전학 온 뒤로는 10등은커녕 중위권에 들기도 힘든 현실로 인해 자존심에 상처를 입었다.

소음인에게 자존심은 생명과 같다. 자기 자존심에 상처를 주는 사람은 적으로 간주해 만나려고도 하지 않는다. B양에게는 새로운 학교에서의 등수가 바로 적이었다. 중위권에서 한 단계씩 점점 성적을 올리자고 긍정적으로 생각하기보다는 내심 기대했던 수준에 못 미치는 등수는 꼴찌나 마찬가지라고 결론 내린 것이다. 어정쩡한 상황도 받아들일 수 있는 태음인과 달리 소음인은 흑백논리 식으로 명쾌한 결론을 내야 한다. 그래서 자존심을 지키기 어려운 상황에서는 무의식적으로 아예 포기해버리는 행동을 하게 된다.

마음의 열정이 사라져버린 B양의 몸이 말을 들을 리 없었다. 책상에 앉으면 졸렸고, 자신의 자존심에 상처를 입히는 등수와 시험으로부터 도피하고 싶은 무의식적인 욕구는 결국 B양을 기면증으로 몰아갔다. 그런데도 부모는 이를 이해하지 못하고 차갑게만 대했으니, B양은 점점 말문을 닫아버리고 동병상련의 또래 친구들과 일탈을 꾀하게 된 것이다.

B양의 문제에서는 조급한 마음이 일으킨 착시 현상을 교정해주어야 한다. 사실 이전 학교에서의 1등이나 새 학교에서의 중위권이나, B양의 실력은 달라진 게 없다. 학군이 달라졌다고 실력이 저절로 좋아지는 것도 아니고, 등수가 내려갔다고 실력이 갑자기 떨어진 것도 아니다. 그런데도 등수가 달라지니 뭔가 크게 잘못된 것 같은 낭패감에 마음의 열정이 꺾여버린 것이다. B양의 그런 판단착오를 바로잡아주어야 했다. 필자는 B양에게 지금의 등수에서 한 단계씩 올라가는 것이 중요한 것임을 이해시켰다.

*　*　*

소변과 관련한 강박증 때문에 내원한 C양의 사례도 이와 비슷하다. 고3인 C양은 수업 중에도 갑자기 소변이 마려워 수업에 집중하지 못했다. 심지어 시험 중에도 소변이 마려워 시험문제를 대충 풀어버리고 화장실을 가야 할 정도였다. 그 때문에 중요한 모의고사도 매번 망치곤 했다.

수차례 상담한 결과 C양의 증상은 시험이나 성적에 대한 압박감 때문에 나타난 강박증으로 드러났다. 태음인인 C양은 명문대 출신인 부모님이나 다른 형제들 때문에 성적에 대해 큰 압박감을 느끼고 있었다. 부모님이 대놓고 높은 성적을 요구한 것은 아니지만, C양 자신도 모르게 과도한 부담감을 가진 것이다.

기대만큼 성적이 나오지 않자 소변 강박증이 시작됐다. 시험이 다가올수록 C양은 '이번 시험 역시 기대한 만큼 성적이 나오지 않을 것'이라고 지레 판단해버렸고 예상 결과를 받아들이기가 어려웠다. 스스로도 용납하기 어렵고, 부모님에게 그런 성적을 내민다는 것은 상상조차 할 수 없었다. 아이의 무의식은 그 간극을 메워 줄 면죄부나 명분을 필요로 했다. '소변 증상 때문에 평소 공부도 힘들고 시험까지 망쳤다'라는 논리가 이렇게 해서 성립된 것이다.

이는 물론 꾀병과는 다르다. 강박증은 고통스럽지만, 시험과 성적이라는 더 큰 고통으로부터의 도피처가 된 셈이다. 태음인은 자신이 할 수 있는 것과 현재 목표치의 간격이 너무 크면 아예 도피하거나 숨어버린다. 사상의학에서는 이를 '거처居處'라고 말한다.

C양은 결국 높은 기대감 때문에 제 실력조차 제대로 발휘하지 못하고 성적은 점점 떨어지기만 했다. 부모님이 과외 교사를 남자에서 여자로 바꿔주는 등 여러 가지로 변화를 주고 갖은 노력을 기울였지만 허사였다.

C양의 사례는 『이솝 우화』의 「여우와 신 포도」 속 여우의 일화와 비슷하다. 어느 날 길을 가던 여우가 탐스럽게 열린 포도송이를 발견한다. 따 먹고 싶어 갖은 애를 써보지만 손이 닿지 않는다. 눈앞에 뻔히 보이는 목표를 포기하는 것도 쉽지 않다. 결국 자신의 목표와 현실의 간극을 해소하기 위해 여우는 "저 포도는 시어서 못 먹는 거야. 난 포도를 못 따는 게 아니라 따지 않는 것뿐이야"라고 자신을 합리화하며 돌아선다.

C양은 여러 차례 상담을 거치면서 자기 마음속에도 여우와 같은 자기 합리화가 있었음을 깨닫게 되었다. 그걸 알고 난 뒤 신기하게도 소변 강박증은 말끔히 치유되었다.

아이의 기가 꺾였을 때는 목표치를 낮춰야 한다. 지금의 내 실력에서 한 걸음씩 나아가는 것이 중요하다. 한 달 뒤나 1년 뒤가 아닌 일주일 또는 오늘 하루에 충실했는지를 돌아볼 줄 알아야 한다. 출발선에 섰을 때는 멀리 최종 목표까지 내다볼 필요가 없다. 내 눈이 그곳을 응시한다고 그 목표에 바로 도달할 수 있는 것도 아니다. 눈앞에 보이는 가장 가까운 봉우리부터 봐야 한다. 그리고 오늘 하루 충실하게 산을 오르다 보면 그 작은 봉우리에 이르게 된다. 그러고 나면 그다음 봉우리를 향해 또다시 하루하루 전진하면 된다. 그것이 원하는 목표에 이르는 길이다.

공부는 머리가아닌 몸으로 완성된다

　머리냐, 노력이냐. 공부를 두고 많은 이들이 논쟁을 벌인다. "공부는 타고난 머리가 좋은 아이가 잘한다"라고 말하는 이가 있는가 하면, "공부는 무조건 몸으로 꾸준히 하는 것"이라고 주장하기도 한다. '학습學習'의 말뜻을 풀이해보면 '학學'은 '머리로 깨우쳐 마음에 새기는 것'이고, '습習'은 '배운 것을 몸으로 부지런히 반복해 자기 것으로 만드는 것'이다. 학습은 따로 떼어놓고 논할 수 없는 만큼 두 가지가 동시에 이뤄져야 한다.

　성취동기와 열렬한 마음이 있어도 몸이 따라주지 않으면 소용이 없다. 공부는 몸과 마음이 협동 작용을 통해 목표를 달성하는 성취의 과정이다. 아무리 머리가 좋고 공부 의지가 강해도 몸으로 실천하지 않으면 성적은 오르지 않는다.

소양인 아이의 몸 공부

특히 소양인 아이는 엉덩이를 붙이고 오랜 시간 앉아 있는 훈련이 필요하다. 다양한 것에 관심이 많고 혼자서 하는 학습에 금방 지루함을 느끼는 체질이기 때문이다. 재미있는 것과 눈에 보이는 목표에 몰두하는 순간 집중력이 뛰어나다는 장점을 학습에도 적극 활용해야 한다.

소양인 아이에게는 "몇 시간을 공부했느냐"라는 물음과 "진득하게 책상에 앉아 있어라"라는 요구는 불필요하다. 그보다는 목표와 할당량을 정해주는 것이 좋다. 정한 목표치를 달성하면 자신이 하고 싶은 것을 하게 해주고, 그렇게 하지 못했을 때는 끝까지 해내게 하는 습관을 들여야 한다. 어릴 때는 부모들이 어느 정도 대신 해줘야겠지만, 점점 소양인 아이 스스로 단기 목표를 정하고 주어진 시간 안에 목표량만큼 공부하는 습관을 들이게 하는 것이 좋다.

태음인 아이의 몸 공부

태음인 아이는 '선택'과 '집중'을 배워야 한다. 하루 종일 책상에 붙어 앉아 있어도 정작 학습 효율은 떨어질 수 있는 체질이 태음인이다. 성실하고 무던한 태도가 장점이어서 불안할수록 책상물림만 하는 경우가 많다. 부모는 아이가 책상에 오래 앉아 있으니 '열공 중'이라 착각하기 쉽다. 그런데 실상을 들여다보면 책상 앞에서 실속 없이 '멍때리고' 있는 경우가 많다. 학습 태도뿐 아니라 내용 면에서도 태음인은 참고서나 교과서를 그냥 죽죽 읽어나가는 방식으로 공부한다. 그보다는 모의고사 문제지나 문제집을 시간을 정해놓고 실전처럼 긴장감을 갖고 푸는 방법이 좋다. 그렇게 해서 틀린 문제는 확실히 짚고 넘어가야 한다.

태음인 아이는 50~60분 정도로 시간을 쪼개서 집중과 이완을 반복하는 것이 좋다. 운동할 때도 계속 근육에 힘을 주고 있을 수는 없는 법이다. 몸에 힘을 줄 때와 이완시킬 때를 잘 구분해야 오래 버틸 수 있다. 공부 역시 마찬가지다. 주야장천 책상 앞에만 앉아 있다고 능사가 아니다.

인간의 뇌는 한 번 집중하면 50분 정도 집중력을 이어갈 수 있다. 그 시간이 지나면 집중력이 급격히 떨어진다. 공부는 뇌세포에 정보를 각인하는 활동이다. 이 과정에서 뇌세포가 충분히 활성화되어야 하는데, 이를 위해서는 맑은 산소와 혈액의 공급이 필수다. 뇌는 한 번에 50분 정도 쓰고 나면 휴식을 통해 재충전해주어야 한다. 50분 공부, 10분 휴식이면 충분하다. 책상에 오래 붙어 있는 것은 불안감을 잠재우기 위한 보상심리에서 비롯된 행동일 뿐이다.

소음인 아이의 몸 공부

소음인 아이의 학습에서는 무엇보다 체력이 관건이다. 머리만 쓰고 몸을 잘 쓰지 않으려는 사고 성향의 기질이기 때문이다. 다양한 분야의 학습량을 다 소화하려면 단순히 사고 기능만 좋아서는 불가능하다. 몸으로 버텨낼 수 있어야 공부에 집중하는 시간을 늘릴 수 있다. 공부에 집중하는 시간이 많을수록 성적이 좋게 나오는 것은 당연한 일이다. 소음인은 중고교 때 체력이 따라주지 않아 어려움을 겪기 쉽다. 어릴 때부터 기초 체력을 다져놓지 않으면 정작 뒷심을 발휘해야 할 때 고전하게 된다.

최근 입학사정관제나 미국식 교육제도의 영향으로 예체능에도 관심을 두는 교육 분위기가 형성되고 있어 다행이다. 소음인은 어릴 때부터 운동 습관을 다져두는 것이 무엇보다 중요하다.

머리는 자신의 능력이 무한한 것인 줄 알고 현실의 일탈을 꿈꾸곤 한다. 그러나 몸과 현실이 뒷받침되지 않는 사고는 공허한 환상일 뿐이다. 운동을 통해 배워야 할 것은 단순히 심장을 단련하고 근육을 키우는 일만이 아니다. 머리가 꿈꾸는 상상이나 환상을 몸으로 다 실현할 수 없는 현실을 깨우치는 데 운동의 가치가 있다.

마음으로는 42.195킬로미터의 마라톤을 금방이라도 완주할 수 있을 것 같다. 하지만 몸은 1킬로미터도 지나지 않아 헉헉댄다. 몸으로 직접 해봐야 머리가 만들어내는 환상을 줄일 수 있다. 이런 배움은 책과 머리만으로는 결코 얻을 수 없다. 몸의 숱한 시행착오가 필요하다. 몸의 배움을 통해 머리가 자기 편한 대로 꾸며내는 환상을 줄여나가야 유혹에 쉽게 넘어가지 않는다. 그래야 정신이 몸의 주인 노릇을 할 수 있고, 몸도 비로소 승복하게 된다.

실패도 성공도
멀리 보면 과정이다

사심신물 가운데 '물物'은 물질이나 결과를 뜻한다. 공부와 관련해 좁은 의미에서는 학원, 과외 등의 사교육이나 물질적인 지원 등을 의미한다. 넓은 의미에서는 뜻을 세워 열렬한 마음과 몸으로 실행한 중간 결과물을 뜻한다.

사교육과 관련해 부모가 가장 많이 겪는 시행착오는 내 아이가 서 있는 자리에서 한 걸음 나아가도록 지원을 하는 것이 아니라, 내 아이가 서 있어야 한다고 여기는 곳으로 아이를 떠미는 지원을 한다는 것이다. 아이의 성적을 부모의 체면치레 용도로 여겨 아이 자신보다 성적을 우선하면, 아이에게 부담만 안겨주게 된다. 그러면 아이의 뜻도, 열렬한 마음도, 꾸준한 노력도 모두 허사가 될 수 있다.

요즘은 부모도 아이도 대부분 학습과 관련해 '물질'적인 것에 치우쳐 있다. 그런데 그로 인해 발생하는 문제의 이면을 들여다보면 성취동기나 마음의 문제인 것을 알 수 있다. 학원을 바꾸고 과외 선생님을 교체하기 이전에 아이의 성취동기와 마음의 문제부터 먼저 돌아봐야 한다.

앞서 말했듯이 넓은 의미의 '물'은 중간 결과물이다. 학습과 관련해서는 당장의 성적이라고 할 수 있다. 이를 받아들이는 태도가 중요한데, 당장 흡족하지 못한 결과를 실패라고 단정 짓는다면 남는 것은 좌절뿐이다. 반대로 당장 좋은 결과를 얻었다고 자만하면 다음 단계로 나아가는 일이 늦어진다. 현재의 성적은 중간 결과물일 뿐이다. 대입 성적 역시 최종 결과물이 아니다. 인생에는 끊임없는 도전과 성패가 기다리고 있다. 당장의 결과를 받아들이는 마음가짐은 단순히 학습과 관련된 것이 아니라 인생 전반의 문제다.

여기서 중요한 것은 실패해도 좌절하지 않는 마음이다. 세속적인 기준에서 실패는 인생을 살다 보면 언제고 찾아오게 마련이다. 그런데 한 번의 실패에 바로 좌절하는 나약한 사람이 있는가 하면 수없는 실패에도 끄떡없이 견뎌내는 강건한 사람도 있다. 어릴 때 자녀에게 가르쳐야 하는 것은 무한 경쟁의 노하우가 아니라 실패해도 좌절하지 않는 용기다. 무슨 일을 하든 당장의 실패와 성공은 중요하지 않다는 것을 배워야 한다. 그렇지 않으면 아이는 어른이 되어서까지 모든 일에 일희일비하게 되고 불안이 심해진다.

다만 어떻게 성취할 수 있을지를 궁리해야 한다. 될지 안 될지의 결과에만 매달려 미리 걱정하는 건 어리석은 일이다. 막연한 미래나 결과에 대한 걱정은 아무런 득이 되지 않는다. 마음과 몸의 실천이 중요하다. 사람들은 남의 일을 두고는 성공과 실패를 마음대로 논단할 수 있다. 하지만 자기 자신은 남들의 시선에 휘둘리지 않고 일의 과정이 끝났느냐의 여부만 확인하면 된다.

결과가 실패했다면 좌절할 것이 아니라 계속 같은 과정으로 공부할 내용이 남았음을 알아야 한다. 성공했다면 자만할 것이 아니라 어서 다음 단계로 넘어가면 된다. 오늘의 실패도 멀리 보면 성공일 수 있고, 성공도 실패일 수 있다. 이것이야말로 조기 교육으로 가르쳐야 할 교훈이다. 이런 가르침이 있어야 아이들이 긴 인생을 살아가면서 크고 작은 실패에도 마음이 꺾이지 않는다.

건강한 삶을 살기 위해서는 무엇보다 '사심신물의 조화'가 중요하다. 공부 역시 마찬가지다. 공부는 단순히 사고력이나 암기력이 전부가 아니다. 전공에 대한 깊은 지식은 소음기운, 다양한 분야에 관한 폭넓은 상식은 태음기운, 지식과 상식을 바탕으로 세상을 설득할 커뮤니케이션 능력은 소양기운이라고 할 수 있다. 아울러 자연으로부터 새로운 영감과 동기를 얻는 직관력은 태양기운이다.

21세기 아이들이 성공적인 인재로 성장하기 위해서는 이 네 가지 기운을 고루 갖추어야 한다. 그러기 위해서는 내 아이가 사심신물 가운데 무엇이 부족한지 알아야 한다.

Chapter 2

부모의 욕심이
아이를 불행하게 한다

부모는 학습 매니저가 아니라 인생 매니저

대학 입학은 아이 인생의 최종 목표가 아니다. 그런데 많은 부모들이 마치 대학 입학과 함께 아이의 인생도 끝나는 것처럼 아이의 공부에 모든 것을 쏟아붓는다. 그 이후의 삶에 대한 고민은 턱없이 부족하다. 좋은 대학에만 입학하면 모든 게 탄탄대로일 거라는 막연한 기대감을 가진 듯하다.

기나긴 인생에서 아이가 직면하게 될 위기는 수없이 많다. 그런 위기에 스스로 대처하고 이겨나갈 힘을 함께 키워주는 것이 부모의 역할이다. 부모는 아이의 성적만 관리하는 학습 매니저가 아니라 미래의 삶과 경쟁력까지 고려하는 인생 매니저가 되어야 한다.

문제는 자녀에 대한 믿음이다. 정신분석학의 창시자인 프로이

트는 이렇게 밝힌 바 있다.

"내가 성공할 수 있었던 건 어머니가 나를 믿어주었기 때문이다."

에디슨이 발명왕이 될 수 있었던 것도 어머니의 믿음과 절대적인 지지 덕분이었다고 한다.

그런데 한국의 학부모들은 어떠한가. 자녀에 대한 믿음을 잘못된 방향에 두고 있는 듯하다. 아이가 국·영·수와 상관없는 질문을 하면 "엉뚱한 질문 말고 시험공부나 해"라며 아이를 불신의 태도로 바라본다. 부모가 대학 입학을 아이 인생의 최종 목표로 삼게 되면 조기교육과 성적에만 매달리는 학습 매니저가 될 수밖에 없다.

학습 매니저인 부모에게 아이는 고쳐야 할 것투성이에 감시를 소홀히 할 수 없는 불신의 대상으로 전락한다. 내 아이가 마냥 어리고 부족해 보이는 부모로서는 아이를 믿고 기다려주는 일이 결코 쉽지만은 않다. 하지만 부모가 믿음을 줄 때, 아이는 눈앞의 성공과 실패에 일희일비하지 않는 내면의 힘을 갖게 된다.

반대로 부모가 믿고 기다려주지 않으면 어떻게 될까. 아이는 더 조급하고 불안해진다. 시험문제 하나에 지나치게 예민하게 굴고, 어려움을 극복할 기초 체력도 부실해진다. 줄곧 1등만 하다 명문대에 진학했지만 한두 번 성적이 떨어졌다는 이유로 쉽게 좌절하는 사례가 뉴스에 심심찮게 등장하는 것도 자녀에 대한 부모의 믿음이 부족했기 때문이다.

미국 대학의 유학생 가운데 한국인이 차지하는 비중은 중국, 인도에 이어 3위다. 그런데 정작 미국 내 유수의 기업에 취업하는 한국인은 0.3퍼센트밖에 되지 않는다. 고등학교까지 주요 과목 학업 성취도는 한국 학생들이 늘 세계 최상위권이다. 그러나 대학 진학 이후의 학업 성과는 현저히 떨어진다. 노벨상 수상자들의 국가별 분포만 봐도 그렇다.

대학 입학이 경쟁의 끝은 아니다. 또 대학 간판이 아이의 인생을 보장해주지도 않는다. 대학 입학 후에도 넘어야 할 산은 높고 가야 할 길은 멀기만 하다. 그러려면 부모가 먼저 긴 안목을 갖춘 인생 매니저로 거듭나야 한다.

* * *

초등생 D군은 틱 장애와 잦은 구토로 내원했다. 해외에서 귀국한 뒤 잠시 틱 증상을 보였지만 신경안정제를 먹고 금방 호전됐다. 그런데 최근 틱 증상이 부쩍 심해졌고 약을 먹어도 차도가 없었다. 그러다 배가 아프고 자주 토하기까지 했다.

D군의 엄마는 "아이가 늦된 편이라 선생님의 교육 방식에 적응을 잘 못해요"라고 말했다. D군의 말을 들어보니, 시험 성적이 나오면 선생님이 하위권 아이들을 불러 세워놓고 "너희가 반 평균을 다 깎아먹었다"라며 노골적으로 면박을 주고, 아이들이 보는 데서 "커서 뭐가 될래?"라며 웃음거리를 만든다고 했다. D군은 선생님을 두려워하는데다 반 친구들에게까지 낙인 찍힌 상황이었다.

D군은 그런 상황에서 벗어나기 위해 기를 쓰고 밤늦게까지 엄마와 공부했다. 그런데 엄마도 성적을 올려야 한다는 다급한 마음에 "이것도 모르냐"라며 화내기 일쑤였다. 결국 매일 밤 속상한 엄마와 아이가 서로 부둥켜안고 대성통곡하는 일이 반복됐다.

D군은 태음인이다. 눈치 빠른 소양인, 사고력이 우월한 소음인

과는 학습 체질이 다르다. 반복 체험을 통해 몸으로 익혀야 서서히 문리가 트이는 대기만성형이다. 초기에는 뭘 해도 적응하는 데 시간이 걸린다. 옆에서 부모가 기다려주지 못하고 재촉하면 아이는 똥줄이 타서 어디론가 숨어버리고 싶어진다. 당황하는 순간 머릿속이 깜깜해져 너무 잘 아는 쉬운 문제도 풀어내지 못한다.

D군의 엄마는 교육 시스템에 대한 불만을 격하게 토로했다. 학교나 교육청에 민원을 넣을까 고민 중이라고 했다. 하지만 아이에게 불이익이 생길까 봐 망설이고 있었다. 엄마의 말도 일리가 있지만, 교육 시스템이 원하는 대로 바뀌기까지 그 안에서 상처받을 내 아이는 누가 지켜줄 것인가.

＊

이 세상을 '고해苦海'에 비유하듯, 현실은 아이들이 헤쳐 나아가야 할 거친 바다다. 그리고 이 거친 세상을 견뎌내게 해주는 힘은 바로 공부에서 얻을 수 있다. 언제부터인가 공부라 하면 국·영·수만 떠올리고, 삶을 보다 행복하게 만들어줄 다양한 배움은 외면하고 있다.

아이들이 배워야 할 것은 공부를 통해 스스로 행복해지는 법과 자기 긍정의 시선이다. 그런데 부모들은 무엇을 가르쳤는가? 아이에게 삶의 비전을 제시해주었는가? 직접 알을 품어 부화시켜보겠다는 아들을 기다려주었던 에디슨의 엄마처럼 용기를 주었던가? 주어진 일을 당장 해내지 못하면 영원한 낙오자가 될 거라고 겁박하지는 않았는가? 문제 선생님의 교육관을 덩달아 강요하지는 않았는가?

비록 밖에서 상처를 받았어도, 부모가 믿음과 지지를 보여준다면 아이에게 틱이나 구토 증상 따위는 생기지 않는다. 학교에서 마음 졸이다가 온 아이를 집에서도 몰아붙이는 철학 부재의 교육관이 아이에게 문제 증상을 유발하는 것이다. 이렇게 해서 명문대에 간들 아이가 인생의 수많은 시행착오를 꿋꿋하게 견뎌낼 수 있을지 의문이다.

단 한 번의 실패로 내 아이가 돌이킬 수 없는 극단적인 선택을 한다면, 그 책임이 과연 교육제도에만 있을까? 과연 정치인들이 이 모든 문제를 해결해줄 수 있을까?

앞서 D군의 경우 늘 자신을 혼내던 엄마가 외려 진료실에서 야단맞는 분위기가 되자 눈빛이 달라졌다. 필자는 한 단계 낮은 교재로 공부하되, 아이가 한 문제를 풀어낼 때마다 칭찬해주라고 엄마에게 귀띔했다. 그리고 늘 노심초사하느라 혈이 마른 아이에게 안정제 대신 보약을 처방했다. 이후 엄마의 달라진 태도 덕분에 D군의 틱과 구토 증상은 모두 사라졌다.

세상이 아무리 어지럽게 돌아가도 부모가 중심을 지키면 아이들은 견뎌낸다. 반대로 주변 사람들의 시선과 평가에 휘둘리는 부모의 자신감 부족과 조급함은 아이에게서 자기 긍정의 힘을 앗아간다. 낮은 자아존중감은 결국 불안과 우울의 씨앗이 된다.

에디슨은 2,000번이 넘는 실패 끝에 전구를 발명했다. 실패를 수없이 반복했을 때의 기분이 어땠느냐는 물음에 그는 이렇게 답했다고 한다.

"나는 단 한 번도 실패한 적이 없다. 단지 전구가 빛을 내지 않는

2,000가지 원리를 확인했을 뿐이다."

다음은 소설가 헤르만 헤세의 말이다.

"인생에 주어진 의무란 없다. 그저 행복하라는 한 가지 의무뿐."

행복으로 가는 수많은 길 위에서, 우리 부모와 아이들은 성적이라는 덫에 걸려 더 나아가지 못하는 것은 아닐까? 어쩌면 공부가 절실한 것은 아이가 아니라 부모들이다. 학습 매니저가 아닌 인생 매니저로서의 공부 말이다.

아빠는
돈만 벌어라?

　자녀를 명문대에 보내려면 할아버지의 재력, 엄마의 정보력, 아이의 체력과 함께 아빠의 무관심이 필요하다는 우스갯소리가 있다. 오늘날 아버지의 권위와 역할을 단적으로 보여주는 서글픈 얘기다. 아이의 삶과 행복이라는 관점에서 보면 독이 되는 말이다.

　언젠가부터 엄마들은 맛있는 반찬이 있으면 남편보다 공부하는 아이들부터 챙기게 되었다. 심지어 자녀의 시험 기간에는 방해가 된다고 남편에게 아예 늦게 퇴근하라고 요구하는 엄마들도 있다. 아빠들이 너무 바쁜 나머지 자녀교육에 스스로 무관심해진 탓도 있지만, 엄마들이 아빠의 역할을 간과해 자리를 빼앗아버린 이유도 크다.

부모는 가정이라는 수레의 두 바퀴와 같다. 아이를 실은 수레가 제대로 굴러가기 위해서는 두 바퀴가 모두 제 역할을 해야 한다. 그런데도 아빠의 자리는 점점 좁아져만 간다. 이렇게 해서 최종적으로 얻는 것은 무엇일까?

아빠의 늦은 귀가가 설령 자녀의 대학 입학에 좀 더 유리할지는 몰라도 과연 아이가 살아갈 삶의 행복에도 그럴까. 고소득자이지만 바빠서 자녀교육에 관심을 두지 못하는 아빠보다는, 돈은 적게 벌지만 자녀와 함께 보내는 시간이 많은 아빠 밑에서 자란 자녀들이 정서적으로 훨씬 안정적이다. 이런 자녀들은 공부와 성적을 떠나 행복한 삶을 누릴 가능성이 높아진다.

* * *

공황장애로 내원한 30대 남성 E씨의 사례를 보자. E씨는 좁은 공간에만 있으면 갑자기 숨이 막히고 호흡이 곤란해졌다. 증세가 심한 날은 바닥에 쓰러져 구토를 하기도 했다. 특별히 체하거나 소화 장애가 심한 것도 아니었다. 위 내시경 검사에서도 아무런 이상 소견이 발견되지 않았다.

이런 증상이 처음 나타난 건 E씨 본인의 결혼식 날이었다. 신랑 대기실에 있는데 막연한 불안감에 호흡이 곤란해지고 식은땀이 나더니 구토가 시작됐다고 했다. 이후 지인들의 결혼식장에만 가면 어김없이 증상이 재발했다. 특히 장인어른과 동행하는 친인척 결혼식에서는 더 심하게 나타났다.

E씨의 성정 분석 결과, 결혼에 대한 무의식적인 거부감이 원인이었다. 물론 아내와는 사소한 말다툼도 없을 만큼 사이가 좋았다.

이러한 거부감은 어린 시절 엄한 어머니에게 받은 심리적인 상처에서 비롯된 것이었다. E씨의 체질은 소음인이다. 어릴 때 인격이 형성되는 과정에서 자존심에 깊은 상처를 입거나 잘못된 정보가 강하게 각인되면 성인이 된 뒤에도 특정한 대상이나 상황에 무의식적인 거부감이 작동하기 쉬운 체질이다. 막연한 호불호가 심해지지만 정작 자신은 그 이유를 알지 못한다.

E씨 가정의 경우, 경제적으로 무능한 아버지 대신 어머니가 실질적인 가장이었다. 어머니는 어린 아들에게 "남자는 네 아버지처럼 무능해서는 안 된다"라는 말을 수도 없이 반복했다. 어머니는 "책임감 있는 남자가 되어야 한다"라면서 E씨에게 무엇보다 공부를 강조했다. 반면 아버지의 설 자리는 없었다.

어린아이들에게 아버지가 들려주는 적절한 칭찬은 자녀의 삶에 느닷없이 찾아오는 위기를 극복할 힘을 형성해준다. 그런데 E씨의 경우, 사사건건 아버지의 자리를 빼앗아버린 어머니로 인해 그런 자양분을 키울 수가 없었다. 내면의 힘은커녕 사소한 스트레스 상황에서도 필요 이상의 가책을 느끼는 인격이 무의식중에 형성된 것이다.

칭찬하지 않는 아버지와 목표 지상주의인 엄한 어머니로 인해 형성된 E씨의 가책은 무의식적인 거부감을 일으켰다. 평소에는 무의식 한쪽에 잠복해 있다가 결정적인 자극을 받으면 공황장애로 이어진다. 학습 매니저를 자처한 어머니의 강력한 독려 덕분에 좋은 대학과 직장을 얻었지만, 과연 E씨의 삶이 행복한지는 되짚어 볼 일이다.

산후우울증으로 내원한 F씨의 경우도 마찬가지다. F씨는 첫아이를 낳고 우울증과 함께 폭식증과 강박증이 생겼다. 대개 산후우울증은 출산 뒤 체력이 떨어지고 남편의 외조가 부족할 때 비롯된다. 그런데 F씨는 "남편은 워낙 자상하다"라고 했다. 산후 조리도 비교적 편안하게 끝냈다.

그런데 F씨는 까닭 모를 분노에 문득문득 자신이 아이를 어떻게 할 것만 같은 불안감이 들었다. 그리고 스트레스를 받으면 냉장고 안에 남은 식재료를 총동원해 맛있는 요리를 만들어 남편에게 과식을 강요했다. F씨는 "자신도 왜 그러는지 모르겠다"라면서 "어쨌든 남편을 잘 먹이고 싶은 충동이 자꾸만 든다"라고 했다.

심지어는 도벽까지 생겼다. 한의원에 내원해서도 "대기실에 비치된 커피와 차를 훔치고 싶은 충동에 시달렸다"라고 고백했다. 형편이 어려운 것도 아니었다. F씨 역시 좋은 대학을 나온 전문직 여성이었다.

F씨는 출산 후 남편의 관심을 아이에게 빼앗겼다는 불안감이 컸다. 이런 느낌은 결국 '아이가 없어져버렸으면……' 하는 극단적인 욕구로 치달았다. 아이가 전혀 예뻐 보이지 않았고, 무의식 속에서 끔찍한 상상이 떠올려졌다.

아이를 돌보는 것만으로도 바쁜 산모가 남편에게 평소에 잘 안 해주던 요리를 계속 만들어주는 행동 역시 마찬가지다. 남편의 모든 관심을 자신에게 집중시키고 싶었고, 이 같은 욕구불만과 불안이 산후우울증으로 이어진 것이다.

그런데 F씨의 산후우울증이 유난히 심했던 까닭은 무엇일까? 상담 결과, 원인은 친정 부모에게 있었다. 어린 시절 경험한 강한 모성과 결핍된 부성에서 비롯된 것이었다. F씨의 경우 월급쟁이인 아버지보다 식당을 운영했던 어머니가 수입이 더 좋았다. 어머니는 억척스러웠던 반면, 아버지는 발언권이 적었다. 아버지는 자녀들의 교육에도 적극적인 관심을 기울이지 못했고, 집안 대소사나 학업과 관련된 일은 모두 어머니의 결정에 따랐다.

이처럼 부성이 결핍된 가정에서 성장하면 이에 대한 보상 심리로 자기애가 유독 강해질 수 있다. F씨는 부성에 대한 욕구가 결혼 후 남편을 통해 채워지던 상황에서 출산을 하게 된 것이다. 아기의 등장은 자신의 이런 욕구 충족을 방해하는 요소였다.

* * *

앞의 두 사례를 보면, 겉보기에는 E씨나 F씨 모두 아버지의 도움 없이 어머니 혼자서 아이들을 잘 키운 것으로 보인다. 좋은 대학을 나오고 남부럽지 않은 직장을 얻었다. 하지만 자의에서든 타의에서든 존재감 없는 아버지의 자리로 인해 어른이 된 이후 삶의 행복을 가로막는 유산을 물려받은 셈이 됐다. 아버지가 경제적으로 무능해서가 아니라, 그것을 이유로 어머니가 아버지의 자리를 빼앗아버렸기 때문이다.

뿐만 아니라 어머니가 어린 아들에게 아버지에 대한 부정적인 인식을 심어준 것이 결국 시한폭탄을 장착해둔 꼴이 되어버렸다. 상담 치료를 통해 F씨는 자신의 콤플렉스를 인식하고 한약으로 폭식증도 치유할 수 있었다. 하지만 부성의 결핍이 낳은 정신적인 고통은 남은 그의 삶 내내 풀어야 할 숙제로 남을 것이다.

그렇다면 편부모 가정은 항상 이런 문제에 노출되는 것일까? 그렇지 않다. 예를 들어 아버지가 일찍 세상을 떠났다고 해도 어머니가 아이들에게 아버지에 대한 좋은 이야기를 반복적으로 들려주면 아이들은 부성의 결핍을 크게 느끼지 않는다. 반면 경제적으로 풍족해도 어머니가 아이들에게 아버지에 대한 불평불만만 늘어놓거나 가정에서 아버지의 위상을 축소시키면 큰 문제가 될 수 있다. 아무리 겉보기에 번듯한 아버지가 있어도 결국엔 부성의 결핍에 시달리게 된다.

자녀교육에서 아버지의 자리와 역할은 매우 중요하다. 아이들은 부모의 고른 관심과 사랑을 받을 때 충만하게 자라나는 존재임을 잊어서는 안 된다.

부모의 공부 한풀이가
아이를 망친다

　한국 사회에서는 부모가 자식을 자신과 동일하게 여기는 경향이 강하다. 자녀의 성적이 떨어지면 엄마가 고개를 숙인다. 1등 아이의 엄마는 언제나 당당하다. 지나친 교육열조차 '아이를 위한 것'이라고 말하지만 사실은 부모 자신의 욕망이다. 명품을 지니면 자신의 가치도 덩달아 상승한다고 착각하는 것과 다르지 않다. 부모는 여유가 없어 비싼 옷을 못 입어도 자식에게만은 명품을 입히려는 마음도 마찬가지다. 이는 지극한 희생정신의 발로일까? 그렇지 않다. 여기에는 부모의 대리 만족을 위한 이기적인 마음도 함께 있다.

　명품에 대한 집착처럼 교육열에도 지극히 이기적인 심리가 개입될 때가 많다. 하지만 언제나 '자식을 위한 희생'이라는 말로 포장되기에 억눌린 아이들의 돌파구는 봉쇄된다. 사회적인 성취를 이룬 부모는 내 자식이니까 나의 성취를 그대로 이어가주길 바란다. 공부를 마음껏 하지 못해 아쉬움이 남은 부모는 '내 자식만이라도……' 하며 아이에게 공부를 강요한다.

***

G양은 우울증으로 내원했다. 고1 때까지 줄곧 상위권이던 G양은 어느 날 "그냥 공부가 싫다"라는 말 한마디를 던지고는 공부를 놓아버렸다. 우울증 약을 먹어도 아무런 차도가 없었다. G양의 문제는 아버지와의 소통 부재가 원인이었다.

G양의 아버지는 자수성가한 사업가다. 부모의 도움 없이 어렵게 독학해 사업에도 성공했다. 어려서부터 공부를 잘한 큰딸에 대한 기대도 컸다. 자신이 부모에게 못 받은 만큼 딸을 더 열성적으로 뒷바라지했다. 그러다 보니 친구를 사귀는 것부터 옷차림이나 머리 모양 하나까지도 딸의 의견은 다 묵살되고 아버지의 일방적인 결정만이 존재했다.

아버지는 소음인이다. 그중에서도 태양기가 강한 사람이었다. 이런 심리 유형은 자신의 원칙이나 소신을 강하게 드러내고 주변과 타협의 여지가 적다. 자신의 결정과 상대의 생각이 다르면 상대에게 맞춰주기보다 어떻게든 설득하려 하고 자신의 방식을 강요한다. 또 내 편이라고 생각하면 맹목적이라 할 만큼 편애하고 감싸준다. 그런데 문제는 상대에 대한 배려 없이 내가 줘야겠다고 생각하는 것만 막무가내로 전하려 한다는 것이다. 그래놓고 정작 '나는 이렇게 자식에게 헌신적인데 뭐가 문제냐'라는 식이다.

결국 G양의 아버지는 한국에서는 딸이 가능성이 없다고 여겨 프랑스로 유학 보냈다. G양은 썩 내키지는 않았지만 아버지를 떠나 있을 수 있다는 생각에 아버지 말에 따랐다. 하지만 적응하지 못하고 이내 돌아올 수밖에 없었다.

가난의 설움을 아는 아버지는 딸이 잘되길 바라는 마음이 어느 누구보다 강했다. 그럴수록 딸을 강압적으로 몰아갔다. 하지만 자식을 채근하는 자기 모습은 보지 못하고 기대에 못 미치는 자식의 모습만 눈에 들어왔다. 자식을 향해 "나약하다"라는 말만 쏟아냈다. 결국 G양은 부모와의 소통을 차단하고 우울증에 빠져버렸다. "공부가 싫다"라고 말했지만, 이것은 강압적인 부모에 대한 분노이자 우회적인 공격이었다.

* * *

G양의 사례와 달리 부모의 조급함이 초래한 심각한 결과가 당장 드러나지 않는 경우도 있다. 어떤 원인에 대한 결과가 시차를 두고 성인이 되어서야 나타나기도 한다. 강박증으로 내원한 30대 여성 H씨가 이런 경우에 해당한다.

H씨는 "집안의 모든 것들이 조금이라도 흐트러져 있으면 불안해서 미칠 것 같다"라고 호소했다. 서랍이 조금 덜 닫혔거나 물건의 위치가 조금만 삐뚤어져도 당장 달려가야 했다. 화장실이나 싱크대도 닦고 또 닦았다. 심지어 이를 몇 번이고 다시 확인했다. 사람이 곁에 오는 것도 두려워했다. 다른 사람과 몸이 살짝 닿기만 해도 더럽다는 생각에 바로 화장실로 달려가 한참 동안 몸을 씻었다.

H씨의 강박증이 처음 나타난 건 고등학교 때였다. 대학 진학 이후 조금 안정되었다가 취업 스트레스가 극심하던 20대 중반에 다시 심해졌다. 그러다 결혼 직후 안정되었다가 출산 후 스트레스가 절정에 이르렀다. 불안과 강박이 심할 때는 남편에게 폭언을 퍼붓기도 했다.

상담 결과, H씨는 출산 후 육아와 직장생활을 병행하느라 몸도 마음도 지쳐 있었다. 두 가지 다 잘해내고 싶은 의욕과 어느 것도 수월하지 않다는 부담감, 욕구불만이 마음속에서 충돌했다. 이 모든 게 남편 탓이라는 투사도 강했다.

그렇다면 남편에 대한 서운함, 출산 후 스트레스가 강박증과 불안증의 근본 원인일까? H씨의 말로는 "어려서부터 공부 못하는 사람이 내 몸을 만지면 바로 달려가 씻어야 했다"라며 "그 사람의 공부 못하는 기운이 내 몸에 옮을까 봐 늘 두려웠다"라고 했다. H씨의 강박증은 여기서 출발한 것이다. 산후우울증이 있기 훨씬 전, 어릴 때부터 형성된 것이다. 특히 아버지는 자신이 못 배웠다는 학력 콤플렉스 때문에 만딸인 H씨를 어려서부터 혹독하게 공부시키고 "공부를 못하면 사람 취급을 못 받는다"라며 학습을 강조했다.

이런 경우 자녀의 입장에서는 아버지의 기대에 부응하고 싶은 욕구 이면에 성적이 뜻대로 나오지 않는 지긋지긋한 상황에서 도피하고 싶은 욕구 또한 강해질 수밖에 없다. H씨는 결국 두 가지 상반된 욕구가 충돌해 손을 씻는 강박증으로 이어진 것이다. 이는 아버지나 학습 스트레스로부터 벗어나고 싶은 갈망을 나타내는 상징적 행위다. 다른 사람의 몸이 닿는 것에 대한 불쾌감도 마찬가지다. 학습 강요와 체벌에 대한 거부감의 발로다.

H씨는 "우리 집에서는 공부를 못하면 벌레 취급당하고 성적 때문에 많이 맞기도 했다"라고 말했다. 그러면서 "지금은 공부 스트레스도 없고 아버지도 곁에 안 계신데 왜 강박증이 다시 나타나는 거죠? 그것과는 상관없는 일 아닌가요?"라고 물었다.

강박증은 컴퓨터 바이러스와 유사하다. 어릴 때 이미 H씨의 무의식 속에 강박적인 상처가 바이러스처럼 자리 잡고 있었던 것이다. 태음인인 H씨는 힘든 상황에 노출되면 그 상황을 합리적이며 이성적으로 표현하고 해결하기보다는 최대한 욕구를 억압했다. 그러다 결국, 아무리 참아도 달라지지 않는 현실 앞에 끓어오르는 분노가 강박증과 불안의 형태로 표출된 것이다. 어릴 때는 공부에 대한 거부감, 대학 때는 취업 스트레스, 현재는 육아와 직장생활의 어려움이라는 것만 달라졌을 뿐이다. 아울러 자신에게 지시하는 직장 상사나 남편은 어릴 때 "공부해라"라고 몰아붙이던 무서운 아버지와 상징적으로 동일한 대상이다.

비록 겉보기에는 좋은 대학을 나온 커리어우먼이지만 그녀의 삶이 과연 행복할까? 어릴 때 학습 과정에서 생긴 무의식의 상처를 치유하면서 강박증은 호전되었지만, 앞으로의 삶에서 그녀가 겪을 불안과 스트레스 지수는 여전히 남들보다 높을 수밖에 없다.

***

불행의 씨앗은 어디서부터 발아할까? 바로 아이들이 자라나는 토양인 부모다. 자식을 통해 한풀이라도 하려는 듯 아이들을 "성적! 성적!"으로만 몰아간 부모의 조급함이 불러온 비극이다. 그런

줄도 모르고 부모는 자식을 위해 헌신했다며 자기 방어를 하기에 급급하다. 아이들 우울증의 원인 역시 아이들의 문제로만 국한시켜버린다. 아이들이 오랫동안 치료를 받아도 우울증이 잘 호전되지 않는 이유가 여기에 있다.

유도를 가르칠 때는 낙법부터 가르친다. 궁극적으로는 상대를 잘 메치기 위한 기술이지만, 그 전에 자신이 잘 내쳐지는 법부터 배워야 한다. 검도에서는 상대의 검을 눈으로 보면서 맞는 것부터 가르친다. 바르게 맞는 용기를 배워야 때리는 법도 빨리 익힐 수 있기 때문이다. 당장의 성적을 위한 잔재주를 습득하는 일로만 아이들을 몰아세울 것이 아니라, 실패를 통해 어떻게 하면 더 큰 그릇을 만들 것인지를 고민하게 해야 한다. 내쳐져도 다치지 않는 유연한 낙법과 상대의 칼 앞에서도 눈을 감지 않는 용기를 배울 기회를 줘야 한다. 아이 인생을 수단 삼아 부모의 한풀이에 급급하다 보면, 아이의 인생에는 길고 긴 그림자가 드리울 수밖에 없다.

호랑이보다 무서운 '타이거맘'

　엄마를 동물에 비유한다면 아이들은 무슨 동물을 꼽을까? 최근 한 설문조사 결과 1위는 '호랑이'였다. 포근함과 따뜻함을 상징하는 토끼나 사슴, 캥거루, 고양이 등의 답변보다 호랑이가 월등히 많았다.

　'엄마'라는 단어는 요즘 아이들에게는 '무서움'의 대명사다. 엄마들이 이렇게 공포의 대상이 된 것은 엄격한 학습 지도와 관련이 있다. 아이들의 일거수일투족을 엄격히 관리하고 훈육하는 '타이거맘Tiger Mom'은 아이들의 우울증과 불안의 원인이 될 수 있다.

　미국 예일대 로스쿨의 에이미 추아 교수는 두 딸을 키워낸, 호랑이처럼 혹독한 자녀교육법을 다룬 『타이거 마더Battle Hymn of the Tiger

Mother』로 세계적인 유명세를 얻었다. 중국계 이민 2세대인 그녀는 자녀들을 끊임없이 다른 아이들과 비교하고 아이의 열등의식까지 건드리며 경쟁을 강요했다고 한다. 심지어 제대로 성적을 내지 못할 경우 밥도 주지 않았다. 이는 추아 교수 자신이 받았던 교육 방식을 그대로 따른 것이다. 그런데 추아 교수의 큰딸이 예일대와 하버드대에 동시 합격해 화제가 되면서 많은 부모들이 타이거맘의 교육 방식에 환상과 기대를 갖게 되었다.

반면 최근 영국의 한 일간지는 타이거맘의 교육 방식이 아이들의 자존감을 떨어뜨리고 우울증과 불안을 야기한다는 연구 결과를 발표했다. 그와 함께 아이들의 일거수일투족을 간섭하고 지시하는 타이거맘 자녀교육법의 폐단도 지적했다.

한국에서도 조기 교육에 적극적인 엄마들을 중심으로 한때 타이거맘 붐이 일었다. 하지만 추아 교수의 둘째 딸처럼 엄마에게 거칠게 반항하며 거부감을 드러내는 사례도 있음을 알아야 한다. 또한 큰딸이 비록 명문대에 입학했지만, 그것만 가지고 자녀교육의 성공 여부를 단정 지을 수 있는지에 대해서는 좀 더 냉철한 평가가 필요하다. 영국 전문가들이 지적한 대로, 비록 명문대생이라도 자존감이 낮고 어려움을 극복하게 해주는 항우울 지수가 낮다면 그것은 불행한 삶이다. 한 사람의 세상살이에는 늘 탄탄대로만 있는 것이 아니기에 이후 삶에서 닥친 위기를 어떻게 헤쳐나갈지는 알 수 없는 일이다.

반면 숱한 어려움을 겪으면서도 끝내 큰 성공을 거둔 위인들을 보면 하나같이 자존감이 강한 사람들이다. 그렇다면 성공의 동력인 자존감은 어디서 오는 것일까? 바로 성장기에 부모의 양육 방식에서 비롯된다.

자녀는 부모의 칭찬을 먹고 자란다. 적절한 칭찬은 아이의 내면에 이상과 자존감을 심어준다. 반대로 부모의 야단이나 잦은 지적은 가책과 양심을 형성한다. 그런데 추아 교수처럼 끊임없이 남과 비교하면서 아이가 성적 위주로 경쟁하는 데만 몰두하게 할 경우, 명문대 진학 여부를 떠나 아이 인생에 여러 가지 문제가 생길 수 있다. 실제로 필자의 학습 클리닉을 찾은 학생들의 성정을 분석해 보면 상당수가 부모의 엄격한 훈육과 관련된 상처를 안고 있었다.

* * *

초등학교 3학년인 I군은 야뇨증으로 병원을 찾았다. 유치원 때부터 간간이 야뇨증이 반복됐다고 했다. 그런데 병원 검사에서는 아무런 이상이 없었다. 또래에 비해 체격도 좋고 성장도 빠른 편이었다. 식사도 잘하고 학교 스트레스도 없었다. 1년 앞선 선행학습도 잘 따라가고 있었다.

그런데 특이한 점은 그렇게 똑똑한 아이가 의사의 간단한 질문에도 과도하게 긴장하고 우물쭈물하며 엄마의 눈치만 본다는 거였다. 상담 결과, 야뇨증의 원인은 타이거맘의 엄한 훈육 태도에 있었다. 대학교수인 I군의 엄마는 아이의 학습 태도를 바로잡는다며 이것저것 많이 지적했다. 아이의 야뇨증이 심해진 시기와 엄마가 아이를 다그친 시기가 거의 일치했다. I군은 엄마에게 야단맞은 날 밤에는 어김없이 소변을 지렸다.

I군의 엄마는 일이 바쁘다 보니 아이를 챙기는 데 충분한 시간

과 열정을 할애할 수 없었다. 결국 칭찬보다는 아이의 단점을 지적하고 '빨리빨리' 고치기만을 강요했다. 그런데 아이는 훈육 내용의 옳고 그름을 떠나 늘 지적당하고 야단맞는 분위기만을 기억에 깊이 새겨둔 것이다. 엄격한 훈육의 반복은 아이의 우울과 불안감을 높인다. 한의학에서는 심과 담 경락의 기운을 떨어뜨려 야뇨증이나 틱 장애 등으로 이어진다고 본다.

I군의 체질은 태음인이다. 성실하고 꾸준한 게 장점이지만 심리적인 순발력은 느리다. 낯선 환경이나 엄격한 태도에 지나치게 겁을 내는 성정이다. 이런 태음인 아이에게는 타이거맘의 엄격함보다는 '칭찬은 고래도 춤추게 한다'라는 말처럼 적절한 격려와 지지가 더 절실하다.

소양인은 이와 정반대다. 순간적인 판단력과 적응력이 좋아서 어떤 상황에서도 좀처럼 주눅 들거나 긴장하지 않는다. 부모나 어른들보다 눈치가 빨라서 오히려 걱정인 체질이다. 그런 면에서 타이거맘 이론이 소양인 아이에게는 어느 정도 적합한 방식이라 할 수 있다.

* * *

타이거맘에게 받은 아이의 상처는 오랜 기간 잠복했다가 성인이 되어 나타나기도 한다. 공황장애로 내원한 30대 J양의 사례가 이에 해당한다.

J양은 좋은 대학을 나와 남부럽지 않은 직장을 다니다가 이직한 것만도 벌써 몇 번째였다. 가는 곳마다 직장 상사와의 관계에 어려움을 겪었다. J양은 조금 공격적인 여자 상사와 대화만 해도 갑자

기 숨이 막히고 진땀이 나며 호흡이 곤란해졌다. 특히 "빨리빨리!"를 외치며 맡긴 일을 독촉하는 유형의 상사와 함께 일할 때는 공황장애의 발작이 잦았다. 하지만 다른 동료들은 그 상사가 조금 까다롭긴 해도 그 사람 때문에 직장을 그만둘 정도는 아니라고 여겼다.

J양이 겪는 공황장애의 원인은 타이거맘인 어머니의 엄한 훈육에 있었다. J양이 어릴 때 사업에 실패한 아버지는 도피 생활을 하느라 어머니가 생계를 책임져야 했다. 어머니는 억척스럽고 강하게 아이들을 키워냈다. 어느 정도로 엄한 어머니였는지를 보여주는 사례가 있다.

J양이 처음 수영을 배우는데, 진도가 더디게 나가자 어머니는 수영장 밖에서 지켜보다가 강사를 제치고 수영장에 뛰어들어와 J양의 머리를 물속에 집어넣어버렸다. 뭐든 '안 되면 되게 하라'가 어머니의 신조였다. J양의 어머니는 어려운 환경을 혼자 힘으로 극복하면서 성장한 터였다. 그래서 힘든 과거를 이겨낸 자신과 아이들을 은연중에 비교하며 자식들이 조금만 힘들어해도 용납하지 않았던 것이다.

J양의 마음속에는 이런 엄마에 대한 이중적인 감정이 자리 잡고 있었다. 강박적이고 무서운 엄마에 대한 강한 거부감, 그리고 아버지를 대신해 끝까지 자신을 뒷바라지해준 고마움이었다. 이런 상반된 감정이 엄마에 대한 무의식적인 거부감을 억누르는 대신 엄마와 비슷한 강박적 성향의 여자 상사를 만나면 여지없이 공황장애 발작을 일으킨 것이다.

위의 두 예에서 보듯 타이거맘은 아이의 뇌에 '공포'의 원형을 바이러스처럼 각인시킨다. 이는 청소년기의 우울증으로 이어질 수 있다. 물론 이 시기에 문제가 드러나지 않을 수도 있다. 그러나 성인기에 스트레스에 직면하면 각인되어 있던 공포 바이러스가 활성화된다. 대개는 그 시점에 받은 스트레스가 원인인 듯 보이지만, 원인을 심층 분석하면 결국 타이거맘에게 받은 상처임이 드러난다. 당장의 학업 성취는 눈에 보이지만, 이런 상처들은 겉으로 드러나지 않아 간과하기 쉽다. 하지만 아이의 상처는 학업 성취와 맞바꾸기에는 너무 큰 인생의 대가가 아닐까.

지구 끝까지 쫓아가는 '헬리콥터맘'

아이 주변을 헬리콥터처럼 빙빙 맴돌며 아이의 학습뿐만 아니라 생활 전반까지 일거수일투족 개입하는 일명 '헬리콥터맘'이 점점 늘어나고 있다. 헬리콥터맘은 아이가 초등생일 때는 주로 학습이나 친구 관계에, 중고생 때는 입시에 적극적으로 개입한다.

대학 진학 이후에도 마찬가지다. 대학교수에게 자녀의 성적 관련 문의를 하거나 대학 4학년 취업 설명회에 참석하는 이들도 50, 60대의 헬리콥터맘들이다. 극성스러운 일부 학부모들의 이야기가 아니다. 요즘은 헬리콥터맘들을 위한 별도의 신입생 설명회나 취업 간담회 자리를 마련하는 대학도 속속 등장하고 있다. 대학생 당사자 없이 교수와 엄마들이 만나는 자리라니 아이러니다.

헬리콥터맘의 개입은 여기서 그치지 않는다. 심지어 자녀의 취업 후에도 회식 자리에 참석해 회식비를 대신 치르고 "우리 아이를 잘 봐달라"라며 직장 선배들에게 부탁하는 사례도 있다. 헬리콥터맘들의 공통점은 자녀를 믿지 못한다는 것이다. 자녀는 항상 실수할 것만 같아 불안해서 차라리 부모가 대신 나서주는 편이 미덥다고 생각하는 것이다.

자녀의 결혼이라고 예외가 아니다. 한 결혼 정보 업체에서는 50, 60대 부모들을 대상으로 '자녀 결혼 전략 설명회'를 개최하기도 했다. 자녀가 맞선을 보기 전에 상대방의 출신 학교와 경제력 등의 신상 정보를 부모들이 먼저 넘겨받아 맞선 주선 여부를 결정한다고 한다.

이렇게 과보호를 받고 자란 자녀들은 여러 문제에 노출되게 마련이다. 무엇보다 스스로 할 줄 아는 게 없다. 어려서부터 독립심을 키워주지 않았기 때문이다.

* * *

우울증과 만성 복통으로 내원한 고등학생 K군도 그런 예에 해당한다. 초등학교까지만 해도 성적이 좋았던 K군은 중학교에 들어가면서 성적이 떨어지기 시작해 고등학교에서는 하위권을 맴돌았다. 헬리콥터맘인 엄마는 과외 교사며 학원 등을 바꿔가며 노력했지만 모두 헛수고였다. K군은 책을 보거나 학교에 있으면 머리와 배가 아프다고 호소했다. 그런 일이 잦다 보니 나중엔 학교에 사정을 말하고 자습이나 보충수업을 빠진 뒤 집에 돌아와 인터넷 게임을 하거나 TV만 보며 지내게 되었다.

K군의 엄마는 "처음에는 많이 싸우고 달래보기도 했지만 지금은 포기한 상태"라며 눈물을 글썽였다. 그런데 엄마는 왜 이런 상황까지 오게 됐는지 전혀 이해하지 못했다. 오히려 자신은 "자식 교육에 '올인'하며 노력했는데……"라며 억울해했다.

K군은 이제 학교 다니는 것도 싫다며 자퇴를 원했다. 밥을 같이 먹어주는 친구도 없다는 이유에서였다. 상담을 해보니 K군은 친구를 사귀려는 노력조차 하지 않았다. 태음인인 K군은 낯선 친구가 말을 걸어오면 어떻게 반응해야 하는지 몰라 눈만 깜빡였다. 속으로는 친구가 반가우면서도 아무런 반응을 보이지 않았다. 이런 일이 반복되다 보니 친구들도 더는 다가오지 않게 되면서 왕따처럼 고립된 것이다.

사실 초등학교 때만 해도 친구 사귀는 데 별문제가 없었다. K군의 엄마가 친한 엄마들의 아이들과 함께 놀게 해주었기 때문이다. 태음인은 직접 체험해보지 않으면 기억된 정보가 없어 새로운 환경에서 어쩔 줄을 몰라 한다. 그저 수동적으로 받아들일 뿐이다. 하지만 고등학교에 진학하면서 헬리콥터맘을 통해 해결되던 친구 사귀기가 큰 문제로 불거진 것이다.

결국 K군은 집요한 요구 끝에 자퇴를 했다. 혼자서 공부하면 더 잘할 수 있다고 했던 애초의 말과 달리, K군은 "배가 아파서 도서관을 못 다니겠다"라며 공부마저 포기했다. 대학 진학이나 학업에 아무런 의욕이 없었다. 집에서 하는 일이라고는 게임과 TV 보기가 전부였다. 이조차 스스로 원해서라기보다는 현실 도피의 수단일 뿐이었다. 심지어 K군은 마트나 산책을 가자고 해도 머리 아프다는 핑계로 나가지 않았다. 흔히 말하는 '은둔형 외톨이'가 된 것이다. 세상만사에 겁을 내서 내 집이나 내가 편히 여기는 공간에만 머무르려는 심리를 일컫는다. 헬리콥터맘의 지나친 개입이 자녀의 성장과 독립의 시기를 놓치게 만든 것이다.

**

헬리콥터맘의 열의 덕분에 자녀가 진학과 취업에 성공하는 예도 많다. 하지만 여기에도 부작용이 있다는 것이 문제다. 스트레스성 피부염으로 내원한 30대 고위 공무원 L씨의 사례를 보자.

L씨는 최근 1년간 스트레스로 얼굴과 두피에 피부 발진과 가려움이 생겨 고생했다. 처음에는 증세가 대수롭지 않아서 피부과 약을 먹으면 진정이 되곤 했다. 그런데 지금은 피부과 약으로는 차도가 없었다. 재발 주기가 점점 빨라지고, 가려운 부위도 배와 허벅지로까지 넓어졌다.

L씨는 "양약으로는 한계가 있는 것 같아 한방 치료를 해보고 싶다"라며 내원했다. 그런데 보호자로 동행한 L씨의 어머니가 "피부과 약으로 안 낫는데 한약으로 되겠느냐"라면서 끼어들었다. 그러자 L씨는 노모를 향해 "제발 그만하세요! 지금껏 엄마 말대로 해볼 만큼 다 해봤잖아요"라며 짜증을 냈다. 한동안 두 사람은 의사 앞에서 치료 방법을 놓고 말다툼을 벌였다. 급기야 L씨는 "엄마 뜻대로 결혼하고 이혼까지 했으면 이제 내가 결정하게 좀 놔두세요"라고 소리쳤다.

L씨는 직장 스트레스로 이직을 고려하고 있었지만 노모의 반대로 그마저도 쉽지 않았다. 노모는 "어렵게 들어간 공직을 왜 그만

두려 하느냐"라며 막무가내로 말렸다고 한다. L씨는 직장이 적성에 안 맞아 오래전부터 그만두고 싶었지만 어머니의 반대로 억지로 참고 있던 중이었다. 그런데다 1년 전 이혼까지 하면서 스트레스가 극심해졌다. 자세한 내막은 듣지 못했지만 이혼 과정에서도 어머니의 개입이 L씨에게 큰 어려움으로 작용했으리라는 것이 불 보듯 뻔했다. 헬리콥터맘과 며느리의 관계 역시 쉽게 짐작할 수 있다.

* * *

헬리콥터맘은 대체로 강박적 성향의 소음인에게서 가장 많이 나타난다. 소음인은 사고 기능이 우월하지만 감정 기능은 열등하다. 자신이 내린 결론은 어떻게든 주변 사람에게 적용하려 한다. 내게 옳고 좋은 것이면 그걸 상대에게 주는 것이 배려라고 착각한다. 또 서로 의견이 다르면 어떻게든 상대를 내 생각 쪽으로 끌어오려 한다. 이런 성향은 자식들과 있을 때 더욱 심해진다. 마음대로 되지 않으면 짜증을 내거나 궤변으로라도 어떻게든 설득하려 한다.

여기에는 헬리콥터맘 자신의 콤플렉스가 작용한다. 성장 과정에서 부모의 사랑을 충분히 받지 못했거나 부모에게 상처를 받았을 경우, 그것이 자녀에 대한 집착으로 이어진다. 자녀가 저지르는 조그만 실수나 실패를 용납하지 못하고 자기 시야에서 아이가 조금만 사라져도 불안해한다. 반대로 부모에게 지나치게 의존하며 자란 경우도 자녀에게 집착하는 원인이 된다. 자라온 대로 똑같이 자기 자식을 대하려고 하기 때문이다. 아울러 남편과의 불화도 원인이 될 수 있다. 남편에게 애정과 관심을 충분히 받지 못하면 보상 심리로 아이에게 매달리는 경우가 많다. 아이의 성장을 통해 자신의 존재 가치를 입증하고 싶은 욕구 때문이다.

　최근에는 자녀의 사법시험 스터디 그룹을 조직하는 엄마들까지 등장했다. 이렇게 키워진 아이들이 판검사가 되는 상황은 생각만 해도 아찔하다. 판결도 엄마가 도와줘야 하지 않을까. 스스로 문제를 해결할 능력조차 없는 이들이 남의 인생을 좌지우지한다는 건 사회적으로도 엄청난 불행이다.

　헬리콥터맘의 자녀교육 방식은 겉보기에는 자녀에 대한 헌신이지만, 그 내면을 들여다보면 집착이다. 이것이 헬리콥터맘의 실체다. 하지만 헬리콥터맘 자신이 치료를 받는 일은 드물다. 누적된 문제가 곪아터져도 자녀의 문제로만 인식해 자녀를 치료받게 하려고만 할 뿐 스스로를 돌아보지 않는다. 그 그늘에서 성장하며 독립의 기회를 놓쳐버린 아이들은 성장기 또는 인생 내내 프로펠러가 돌아가는 거친 소음 속에서 고통스럽기만 하다.

피터팬으로 살고 싶은 어른아이

한 사람이 올바로 성장하는 데는 적절한 성장통이 필요하다. 그래야 뼈와 근육이 자라고 몸이 성장한다. 마음도 마찬가지다. 그런데 부모의 과보호는 아이 스스로 성장할 기회를 빼앗아버린다.

단기적인 학습 성과만 보면 과보호가 언뜻 유리해 보인다. 그러나 장기적으로는 아이가 살아가는 데 필요한 성취동기와 의욕을 상실하게 만든다. 그 결과 평생 '어른아이'가 되어 부모 품을 떠나지 못한다. 캥거루족, 피터팬 증후군, 니트족 등이 그런 예다.

캥거루족은 태어나자마자 홀로 독립해 걷기 시작하는 다른 동물들과 달리 1년 가까이 어미의 배 주머니 속에서 지내다가 뒤늦게 독립하는 캥거루를 빗댄 용어다. 이들은 성인이 되어서도 부모에게 기대 살며 스스로 독립하기를 거부한다.

피터팬 증후군은 동화 속 영원한 소년인 피터팬처럼 어른이 되어서도 사회생활을 하지 않고 어린이와 같은 사고와 행동을 보인다. 몸은 다 자랐지만 마음은 자라지 않거나 어린아이로 남아 있기를 바란다.

니트족NEET : Not currently engaged in Education Employment or Training은 의무교육 과정을 다 마친 뒤에도 진학이나 취직, 직업 훈련 등을 받지 않고 부모에게 의존해 하루하루를 살아가는 청년 무업자들을 지칭한다. 최근 영국 등의 구미 선진국도 니트족 문제로 골머리를 앓고 있다.

* * *

폭식증과 우울증으로 내원한 대학교 4학년 M양이 바로 그런 예다. M양은 언젠가부터 폭식증으로 저녁마다 계속 빵이나 과자를 먹다가 살이 쪘다. "학교에 갔다 오면 이상하게 먹을 게 당긴다"라면서 "살만 안 찌면 좋겠는데, 살 때문에 우울증에 빠졌다"라고 말했다.

언뜻 얘기를 들어보면 폭식증 때문에 우울증이 찾아온 것 같다. 한창 외모에 대한 관심이 많은 시기라 충분히 그럴 수 있다. M양은 우울증의 원인이 살이 잘 찌는 체질 때문이라고 단정 짓고 있었다. 하지만 정상적인 식사 뒤에 간식이 당기는 것은 단순히 식욕이 좋은 것이라고 볼 수 없다. 이는 심리적인 욕구불만이다.

환자가 스스로 지목하는 원인은 진짜 원인이 아닌 경우가 많다. 내면의 두려움을 회피하거나 억압하려는 방어기제가 작용해 그럴

듯한 명분을 찾고 스스로도 착각해버린다. 그냥 우울해서 폭식하다 살이 쪘고, 그래서 더 우울해진 거라고 생각하기 쉽다. 그런데 "그냥 우울하다"라는 말 이면에는 환자가 진정 두려워하는 원인이 숨겨져 있게 마련이다.

대학 졸업반인 M양은 시험이나 취업 준비로 몸이 아프다며 휴학을 반복했다. 대학 편입을 하고 어학연수도 다녀오느라 졸업을 안 한 상태였다. 마지막 학기가 되어 어쩔 수 없이 복학했지만 졸업을 최대한 미루고 싶어하는 무의식이 관찰됐다.

M양의 무의식은 대학 졸업과 사회 진출이 마치 단두대 위에 올라가는 것처럼 두렵다고 느끼고 있었다. 한국 사회에서는 대학생이 부모에게 경제적·정신적으로 의존하는 것이 어느 정도 허용된다. 그러나 대학 졸업과 동시에 그러한 관용은 일시에 사라지고 독립을 종용받는다. 이런 사실을 M양도 잘 알기에 미리 두려워하는 것이다.

우울증과 몸이 불편하다는 이유로 M양은 대학 과제물이나 시험 준비도 언니에게 의지했다. 폭식증이 조금 덜하다가도 시험 기간이 다가오면 다시 심해졌다. 어려서부터 부모와 언니에게 의존해온 터라 혼자서 중요한 시험을 견뎌내기도 힘겨웠다.

M양에게는 이 같은 모든 상황을 회피할 수 있는 수단이 바로 폭식증과 우울증이다. 몸이 아프다는 것을 이유로 삼으면 졸업과 독립을 연기할 수 있었다. 시험을 못 보거나 과제물을 제대로 준비하지 못하는 것도 명분이 서고 정당성이 확보되었다.

그렇다고 M양의 증상이 꾀병은 아니다. 사람은 일상생활에서

두렵고 어려운 환경에 처했을 때 이를 정면 돌파할 상황이 안 되면 우회적으로 모면하려 한다. 이때의 무의식은 신체화된 반응, 즉 두통을 비롯한 각종 통증은 물론이고 공황장애, 강박증, 우울증 등 다양한 형태로 표출된다. 즉 심리적인 위기감과 고통이 더 높은 수위에서 낮은 수위로 옮겨 가는 것이다. 환자에게는 차라리 우울증과 폭식증의 고통이, 졸업을 하고 독립을 종용받으며 홀로서기를 해야 하는 고통보다 덜한 것이다.

이는 환자의 의식이 아닌 무의식이 저울질해 선택한 결과다. 그렇기 때문에 대부분의 환자들은 처음에는 이 같은 진단에 선뜻 동의하지 못하고 강한 거부감을 드러낸다. 무의식적인 방어기제에 따른 증상임을 환자 스스로 이해해야 빨리 호전될 수 있다.

* * *

공황장애로 내원한 20대 후반의 N군 역시 마찬가지다. N군은 대학 졸업 후 공무원 시험 준비로 몇 년째 취업을 미루고 있었다. 그런데 갑자기 숨쉬기가 힘들고 식은땀이 나며 팔다리에 힘이 빠지는 공황장애가 나타났다. 좁은 공간에 있으면 증상이 더 심해지고, 공부를 멈추고 빨리 밖으로 나가면 호전되었다.

상담해보니 N군 역시 니트족이나 캥거루족이 겪는 어려움이 공황장애의 원인이었다. N군의 공황장애 발작은 주로 시험공부와 관련이 있었다. 시험이 다가올수록 목을 조여오는 듯한 극도의 긴장감을 느꼈다. 시험 준비를 이유로 어려운 형편에도 취업을 미루어왔지만 이제는 더 이상 취업을 피할 수 없는 한계 상황에 내몰리게 된 것이다. 그렇다고 시험에 합격할 자신도 없었다. 합격만을 고대하고 계실 부모님의 기대에 대한 부담감과 두려움이 공황장애로 이어진 것이다.

N군에게 공황장애는 공무원 시험에 실패할 경우 좋은 명분과 면죄부가 될 수 있다. 즉 몸이 안 좋아 준비를 제대로 못 했다는 명분이다. 애초에 시험공부보다 힘든 취업 활동을 피하기 위해 N군이 무의식적으로 선택한 명분이었다. 그런 선택의 유효기간이 만료된다는 두려움이 급격한 공황장애의 원인이 된 것이다.

**

캥거루족이나 피터팬 증후군 등은 특히 태음인들에게 나타나기 쉽다. 낯설고 두려운 환경에 대한 초기 적응력이 유난히 약하기 때문이다. 물론 같은 태음인이라도 어려서부터 작은 실패를 조금씩 경험하며 극복해온 경우에는 큰 문제가 없다. 그 시기를 놓치고 성인기가 되어서 극복하려면 몇 배의 노력이 요구된다.

조기 유학과 기러기아빠는
누굴 위한 선택인가

　어학연수나 해외 유학이 보편화되고 있다. 하지만 제대로 적응하지 못하면 몸과 마음에 상처만 입고 돌아오는 경우도 많다. 어학연수나 유학을 떠나기 전에 준비해야 할 것과 체류 방식 등도 체질별로 달라질 수 있다.

　낯선 환경에 적응해야 한다는 점에서 태음인이 겪는 어려움이 가장 크다고 할 수 있다. 자칫 무리하게 해외에 보낼 경우 현지 적응에 어려움을 겪을 가능성이 높다. 처음부터 아이 혼자, 그것도 아는 사람이 전혀 없는 곳에 장기간 보낼 때 현지 부적응의 위험이 높다. 처음에는 부모가 함께 가거나 친구와 동행하는 것이 좋다.

　초기에 순탄한 적응을 위해 친척이 있는 곳에 보내는 것도 방법이다. 또는 국내에서 부모와 떨어져 지내는 상황에 훈련이 된 다음에 떠나보내는 것도 좋다. 예를 들어 처음에는 방학을 이용해 단기 연수를 경험하게 한 뒤 장기간 집을 떠나 있는 훈련을 시키는 것이다. 태음인은 당장의 학습 효과보다 초기 적응이 관건이다. 이 고비만 넘기면 뛰어난 지구력과 끈기를 발휘해 외국에서도 학습 성취도를 높일 수 있다.

소양인은 어디에 내놓아도 잘 적응한다. 나이에 비해 혼자서 떨어져 지내는 데도 큰 무리가 없다. 대신 새로운 것에 호기심이 많고 지루한 것을 싫어해 한곳에 1년 이상 오래 머무르는 것을 싫어한다. 따라서 장기 어학연수의 경우, 지역을 옮겨가면서 다양한 경험을 쌓게 하는 것도 좋은 방법이다. 소양인은 남의 이야기나 체험을 듣는 간접 학습으로는 별 효과가 없다. 자신의 눈과 귀로 직접 체험하는 방법이 학습 효과가 가장 좋다. 또 경쟁심을 고취하기 위해 어학 실력이 비슷하거나 조금 더 나은 친구들과 함께 보내는 것도 자극이 된다.

소음인은 자신의 실력에 맞는 현지 교육기관이나 교육 과정을 찾는 것이 중요하다. 예를 들어 기초적인 생활 회화도 안 되는 실력으로 그보다 어려운 수업을 듣게 되면 지레 포기해버릴 수 있다. 태음인은 반복적으로 듣고 외우는 학습법이 어학 실력을 높이는 데 효과적인 반면, 소음인은 자기 의사를 논리적으로 표현하는 과정에서 학습 효과가 높아진다. 기초적인 말하기 실력이 안 될 때 소음인이 겪는 스트레스는 다른 체질보다 훨씬 크다. 소음인은 어떤 식으로든 자신의 생각과 결론을 표현하지 못하면 큰 스트레스를 받는다. 따라서 소음인은 국내에서 기초 실력을 충분히 다져서 의사 표현이 어느 정도 가능해졌을 때 떠나는 것이 바람직하다.

* * *

거식증으로 내원한 여고생 O양은 태음인의 유학 실패 사례다. 보통 키에 30킬로그램 후반의 깡마른 몸으로 병원을 찾은 O양은 더 이상 음식이 들어가지 않을 정도로 급하게 폭식을 했다가 다시 살이 찔까 두려워서 토하길 반복했다고 한다. 1년째 생리가 끊겼고 수족냉증이 심해져 여름에도 양말과 긴 옷을 입어야 했다. 또한 탈모와 피부 노화가 심해져 10대로 보이지 않을 정도였다.

일반적으로 거식증은 살이 찌는 것에 대한 두려움이나 잘못된 다이어트 후유증으로 발생한다고 알려져 있다. O양 역시 어릴 땐 통통한 편이어서 살찌는 것에 대한 두려움을 조금은 가지고 있었다. 그래도 한국에서 학교를 다니던 1년여 전만 해도 건강했다.

거식증은 해외 유학 적응에 실패하면서 시작됐다. 한국에서 명문대 진학은 어렵다고 판단한 아버지는 O양을 자의 반 타의 반으로 유학을 보냈다고 한다. O양 역시 해외에서 돌파구를 찾을 수 있으리라 생각했다. 하지만 충분한 준비 없이 나 홀로 떠난 유학은 적응이 쉽지 않았다.

태음인인 O양은 하숙집 생활에서부터 어려움을 겪었다. 영어를 빨리 배우고 싶은 욕심에 현지인의 하숙집을 구했다. 당연히 한국 음식을 접할 기회가 없고 음식도 입에 안 맞았다. 무엇보다 외국인 주인이 "살을 좀 빼라"며 식사를 제대로 챙겨주지 않았다고 한다. 그러자 피자나 과자를 사다가 혼자 몰래 허겁지겁 먹는 일이 반복되었고, 이것이 폭식증과 거식증으로 이어졌다.

태음인인 O양에겐 이 모든 상황이 버겁기만 했다. 게다가 영어도 안 됐기 때문에 도움받을 데라고는 전혀 없는 고립된 상황이었다. 이처럼 즉흥적으로 유학길에 오른 뒤에 겪어야 했던 욕구불만이 폭식증으로 이어진 것이다. 아울러 새로운 도전에 대한 자신감 상실과 과도한 불안이라는 마음의 상처까지 갖게 됐다.

거식증은 표면적으로는 살이 찌는 것에 대한 두려움이 원인이다. 그러나 그 이면에는 또 다른 두려움과 불안이 반드시 존재한다. 이를 찾아 안정시켜야 거식증을 치료할 수 있다. 때로는 실연의 상처나 취업 불안, 해외 유학, 대인 갈등 등이 원인이 되기도 한다. 결국 O양은 유학을 포기하고 집으로 돌아와 거식증으로 쇠약해진 몸부터 추슬러야 했다.

* * *

틱 장애로 병원을 찾은 P군 역시 엄마와 함께 떠난 유학 생활에서 마음의 병을 얻었다. 엄마는 "초등 고학년 때 좀 더 나은 환경에서 키우고 싶어서 유학을 보냈는데, 아이가 학교에 적응을 못 하면서 틱 장애가 왔다"라고 말했다. 원래 낙천적이고 적극적이던 P군은 성격이 점점 소극적으로 변해갔다. 견디다 못한 P군은 한국으로 돌아가자고 졸라댔고, 결국 상처만 떠안고 한국으로 돌아올 수밖에 없었다.

상담 결과 P군은 소음인이었다. 자존심을 치켜세워주면 누구보다 신이 나서 몰입하지만, 자존심에 상처를 입으면 아예 시도조차 하지 않는 체질이다. 엄마 욕심에 아이의 레벨에 맞지 않는 학급을 선택한 것이 유학 실패의 첫 번째 원인이었다. P군이 적응하는 데 힘들어하자 엄마는 "더 열심히 해라"라고 독려하기만 했다. 그러다 아이가 따라주지 않으면 "모든 걸 다 포기하고 이렇게 멀리 너 하나만 보고 왔는데……"라며 아이를 혼내기 일쑤였다. P군은 학교에서도 집에서도 점점 자신감을 잃었고, 어느 순간 틱 장애가 나타났다. 엄마는 그제야 "내가 너무 서둘러서 그런 것 같다"라며 뒤늦게 후회했다.

성급한 유학 실패의 후유증은 아이에게만 미친 것이 아니다. 엄마 역시 두통에 신경성 위장병으로 소화제를 입에 달고 살았다. 상담해보니 엄마는 화병을 앓고 있었다. 엄마가 애초에 아이와 함께 유학을 떠나기로 결심한 건 잦은 부부 불화와 시댁 갈등 때문이었다. 아이의 유학이 이혼을 유보하기 위한 차선책이었던 것이다.

아이의 장래를 위한 새로운 도전과 선택이라는 명분으로 포장했지만 부부 문제를 아이의 유학으로 덮으려 한 것이다. 그러면서도 엄마는 '자식을 위해 외국까지 나와서 희생한다'라고 착각했다. 보상 심리로 인해 아이에게 공부를 재촉하고 짜증을 냈다. 반면 아이는 스스로 원했던 목표가 아니기에 성취동기가 약했고, 그만큼 유학 생활에 적응하는 게 어려웠다. 그 와중에 엄마와의 소통조차 원활하지 않자 마음속에 분노가 쌓여 틱 장애로 이어진 것이다.

* * *

기러기아빠 가정은 아이를 위해 희생하는 부모가 표면적으로 등장한다. 그러나 그 이면에는 부부 문제를 회피하려는 불편한 진실이 관찰되곤 한다. 혹은 아이가 학습 능력이 떨어진다는 것을 인정하고 한 발 한 발 나아가기보다 조기 유학으로 단박에 해결해보려는 부모의 잘못된 장밋빛 희망이 존재한다. 도피성 유학은 아이와 부모 모두에게 후유증을 남긴다. 조기 유학과 기러기아빠가 진정 아이를 위한 선택인지, 아니면 불편한 현실로부터의 도피인지부터 자문해봐야 한다.

Chapter 3

청소년 우울증,
체질학습으로 예방한다

아이의 행복은
7세 미만에 결정된다

    체질은 태어날 때의 본성으로 결정된다. 그런데 같은 체질이어도 7세 미만 시기에 부모의 양육 태도에 따라 두 번째로 중요한 정신 구조라 할 수 있는 '심성心性'이 결정된다. 도화지에 비유하자면, 도화지의 바탕색에 해당하는 본성은 태어날 때 결정되고, 그 도화지에 그리는 밑그림 혹은 설계도라 할 수 있는 심성은 7세 미만에 부모의 양육 태도에 영향을 받아 결정된다.

    사상의학에서는 심성을 '표기表氣' 또는 '심성 코드'라고 표현한다. 같은 체질인데도 전혀 다른 기질처럼 보이거나, 같은 기질인데도 전혀 다른 체질인 것은 이 시기에 형성된 심성이 다르기 때문이다. 같은 태음인이어도 태양기가 강한 태음인, 소음기가 강한 태음인, 소양기가 강한 태음인 등이 있다.

심성은 타고난 본성과 함께 평생 인격의 틀을 형성한다. 이 시기에 부모의 양육 방법이 적절하지 못하면 아이는 정서적인 안정감을 얻지 못하고 콤플렉스를 갖게 된다.

***

우울증으로 내원한 Q양은 소음인이지만 소양기가 강한 편이다. Q양은 명문대를 나와 원하던 직장에 다니고 있지만 불면증과 우울증으로 늘 몸이 피곤하다고 호소했다. 스스로도 "감정 조절이 안 되고 하루에도 몇 번씩 기분이 왔다 갔다 한다"라고 했다. Q양은 진료실에서도 만사가 짜증스럽다는 태도를 보였다. 보호자로 함께 온 엄마도 "내일모레면 서른인 딸아이의 뒷바라지에 짜증까지 받아주느라 하루가 다 지나간다"라며 "나도 내가 왜 이러고 사는지 모르겠다"라고 털어놓았다.

Q양의 우울증을 분석해보니 부모의 훈육 태도에 의해 어릴 때 형성된 소양기와 연관이 있었다. Q양이 지나친 요구를 하면 엄마는 자제시키려 하는 반면 아빠는 무조건 들어주자는 식이었다. 한마디로 부모 양쪽의 훈육에 일관성이 없었다. 결국 Q양은 생활의 중심을 세우기보다 부모의 눈치를 살피며 살길을 도모하는 인격을 형성한 것이다.

Q양은 다른 직장에 비해 일이 유독 힘든 것도 아닌데 늘 우울하고 짜증이 많았다. 직장에서는 자기 마음대로 하지 못해 눈치 보면서 지내느라 스트레스가 쌓였다. 반면 자기 마음대로 해도 된다고 생각하는 엄마나 남자친구는 하인 부리듯 대했다. 부모와 떨어

져 자취를 하면서도 방 청소나 장보기 등의 사소한 일은 모두 엄마에게 전화해 해결하려 했다. 그 밖의 귀찮은 일도 모두 남자친구에게 떠맡겨버리고 빨리 해주지 않는다고 오히려 짜증을 내는 식이었다.

그렇게 자기가 해야 할 일들을 스스로 꾸준히 해나가기보다 상대나 주변의 눈치를 보며 살아가는 방식을 택하다 보니, 뜻대로 되지 않는 일이 많고 스트레스 민감도도 높아졌다. 명문대에 좋은 직장까지 얻었지만 행복 지수는 낮을 수밖에 없었다. Q양의 우울증은 자신의 심성에서 비롯된 셈이다.

* * *

산후우울증으로 내원한 30대 여성 R씨는 태음인이지만 심성은 태양기가 강했다. R씨는 "내 아이지만 예쁜 줄 모르겠다"라고 했다. 아기의 분유를 타다가도 '왜 아이를 낳았나' '내가 왜 이러고 사나' 하는 생각뿐이었다. R씨는 "아이가 울든 말든 무감각해지는 내 자신이 나도 이상하다"라고 말했다.

R씨는 산후우울증을 겪을 만큼 열악한 가정환경에 놓인 것도 아니었다. 비교적 늦게 결혼해 아이를 빨리 갖기를 원하던 차에 1년 만에 아이를 임신했고, 남편도 나름대로 외조를 잘했다. 주말이면 남편이 어김없이 아기를 돌보고 자상한 편이어서 R씨도 별다른 불만이 없었다.

R씨는 법학전문대학원에 진학할 정도로 공부를 잘했다. 하지만 그때도 이유 없이 우울증이 생겨서 결국 포기하고 말았다. 이후 취업한 뒤로도 크고 작은 스트레스로 여러 차례 직장을 옮겼다. "처

음에는 주변 사람이 상처를 주는 것 같았는데 지나고 보니 나에게 도 문제가 있는 것 같았다"라고 말하는 R씨는 "그런데 도대체 뭐가 문제인지 모르겠다"라고도 했다.

. R씨는 사람들이 조금만 싫은 소리를 해도 마음에 오래 담아두고 전전긍긍했다. 그리고 특별히 잘못한 게 없는데도 다른 사람과 대화할 때면 뭔가 잘못을 저지른 사람처럼 이유 없이 가슴이 두근거릴 때가 많았다. 직장에서 갈등이 생겨도 혼자서만 속을 끓일 뿐 자신의 억울함을 조곤조곤 따지지도 못했다. '사람들이 나를 싫어하면 어쩌나' 싶은 마음에 남들 앞에서 발표조차 제대로 못 했다.

하루는 도저히 못 참겠다 싶어서 사표 낼 결심을 하고 울컥하며 폭발하듯 말했다. 그랬더니 주변 사람들이 오히려 R씨가 이상하다는 투로 바라보았다고 한다. '뭘 그만한 일로 그렇게까지 심각하게 나오느냐'라는 식이었다. R씨는 '괜히 말했어. 조금만 더 참을걸' 하는 생각에 그 사람들을 다시 대면할 자신이 없어 회사를 그만두었다고 했다. R씨는 "이런 내가 나도 싫다"며 한탄하듯 말했다.

R씨가 겪는 어려움은 성장 과정에서 형성된 태양기로 인한 콤플렉스가 원인이다. R씨의 아버지는 항상 일하느라 바빴고 자녀들과 놀아주지도 않았다. 어머니와 싸우는 일도 잦았다. 어머니는 어머니대로 함께 살던 시어머니와 큰소리로 자주 싸웠다. R씨에게 다정다감한 어머니의 기억은 없었다. 어머니는 늘 화내며 싸우거나 무기력한 모습뿐이었다.

부모도 할머니도 어린 R씨와 정서적인 교감을 나눠주지 못했다. R씨가 칭얼대면 오히려 야단맞기 일쑤였다. 그렇게 어린아이의 기본적인 욕구조차 거절당함으로써 무의식중에 불신, 불안, 강박 등의 부정적인 대인 관계 공식이 형성되었고, 이는 성인이 되어서도 모든 대인 관계에 그대로 적용되었다. 결국 인격의 틀로 자리 잡은 것이다.

* * *

아무리 공부를 잘하고 좋은 직장을 얻어도 행복한 삶이 보장되지는 않는다. 아이에게 지식을 주입하는 것보다 더 중요한 일은 평생 지속될 정서적인 밑그림을 그려주는 일이다. 지식은 환갑이 넘어도 새롭게 습득할 수 있다. 하지만 인격의 틀은 7세 미만에 90퍼센트 이상이 형성된다. 이때를 놓치면 아무리 노력해도 바뀌지 않는다. 이미 형성된 콤플렉스와 불안정성을 인식하고 어려움이 덜하도록 치료하는 정도다. 그것도 스스로 엄청난 노력이 있어야 가능하다.

어린 자녀에게 조기교육이나 물질적인 풍요보다 중요한 것은 마음의 안정이다. 하지만 부모는 자기도 모르는 사이에 자신의 어두운 심성을 자녀에게 전가하기 쉽다. 이렇게 자란 아이들은 결혼 후 그 짐을 또다시 자녀에게 대물림한다. 한 사람의 어두운 그림자가 대대손손 계속 이어지는 것이다. 분석심리학의 창시자 칼 융은 이렇게 말했다.

"부모가 자녀에게 줄 수 있는 최고의 은총은 부모의 어두운 그림자를 물려주지 않는 것이다."

아이는
잔소리로 변하지 않는다

'콩 심은 데 콩 나고 팥 심은 데 팥 난다'라는 속담은 자식 키우는 부모에게는 가장 두려운 말이다. 호흡기가 약한 부모는 자녀가 감기만 걸려도 자신의 탓인 듯 마음이 불편하다. 자식이 약한 몸을 닮는 것도 가슴 아픈데 하물며 부모의 정신까지 닮는다면 어떨까.

만일 부모가 어떻게 하면 돈을 더 벌고 어떻게 하면 재미를 추구할 수 있을까를 고민하면 아이들도 그렇게 자란다. 아무리 공부하라고 잔소리하고 비싼 과외와 학원을 보내도 부모의 바람대로 자라지 않는다. 어떻게 하면 용돈을 더 받고, 어떻게 하면 농땡이를 치면서 재미나게 살까를 궁리한다. 힘들고 지루한 공부를 해야 할 이유를 찾지 못한다. 자신의 부족함을 아는 부모로서는 두려운 일이다.

부모들이 착각하기 쉬운 것이 있다. 아이를 말로 가르칠 수 있다는 착각이다. 하지만 아이들은 부모의 말을 따르지 않는다. 대신 부모의 평소 행동을 보고 배운다. 그러니 아이가 잘되길 바란다면 부모는 말보다는 모범을 보여야 한다. 이는 수십, 수백 세대를 거치면서 선현들이 확인한 결과다.

사람들은 흔히 자신이 아닌 상대방을 고쳐야 행복해질 수 있다고 착각한다. 그런데 자기 마음도 어쩌지 못하면서 어떻게 상대를 고칠 수 있을까. 부모 자식 관계도 마찬가지다. 부모들은 아이를 길들이고 고쳐서 바른 길, 좋은 길로 인도할 수 있다고 여긴다. 기어이 끌고 가면 부모가 원하는 곳에 내 아이가 도달할 수 있으리라 여기지만, 우격다짐으로 데려간 길 끝에는 비극적인 결말이 기다리고 있다. 말을 물가에 끌고 갈 수는 있어도, 물을 먹고 안 먹고는 말의 선택이다.

***

강박증으로 내원한 중학생 S양은 조금만 긴장하거나 마음에 안 들면 소변을 지렸다. 낮에 컨디션이 안 좋았던 날 밤이면 어김없이 지도를 그렸다. 문손잡이를 만지면 손이 어떻게 될 것 같은 강박증이 생겨 결국 학교까지 자퇴했다. 때로는 정신이 나간 것처럼 한자리를 계속 서성이며 같은 동작을 반복했다. 엄마는 정신과며 심리상담소에 딸을 데리고 다녔고 미술치료와 놀이치료도 받게 했다. 엄마는 "빨리 나아야 검정고시도 보고 대학 진학도 할 텐데 걱정"이라는 말만 반복했다.

소음인인 S양은 어릴 때 또래에 비해 똑똑했다. 학습 속도도 빨랐고 혼자서 책 읽는 것도 좋아했다. 엄마 역시 소음인으로, 교육관이 확고했다. 자신이 정해둔 스케줄대로 아이들을 멋지게 키우고 싶은 욕심이 있었다. 덕분에 큰딸은 명문대 진학에 성공했다. 하지만 둘째 딸인 S양은 엄마의 교육 방식에 파열음을 냈고, 급기야 공부도 일상생활도 모두 포기했다.

엄마의 교육 방식은 간단했다. 아이의 성적이나 눈앞의 결과에만 집착했다. 소음인 아이는 학습 호기심을 자극해 성취동기를 갖게 해야 하는데, S양의 엄마는 결과로만 아이를 평가했다. 아이가 호기심을 갖는 것이 생겨도 "공부와 상관없다"라며 막기 일쑤였다. 그렇게 시험 성적과 결과만 가지고 소음인 아이의 자존심에 상처를 준 것이다. 소음인 아이는 자존감이 떨어지면 성취동기도 함께 잃는다. 부모나 자신의 기대치가 90점인데 60점을 받으면, 30점을 채우려고 노력하기보다 60점이나 0점이나 다를 바 없다며 포기해버린다.

소음인 아이가 극단적인 생각을 하지 않고 더 열심히 해보겠다는 의지를 발휘하게 하는 건 오직 자존감뿐이다. 자존감 형성에 자양분이 되는 것은 어릴 때 부모의 적절한 칭찬이다. 그런데 S양의 엄마는 당장 학업 성취에 급급한 나머지 잘한 일을 칭찬하기보다 못한 일을 야단치기 일쑤였다.

부모는 아이에게 기대감은 전하되 기대치를 전해서는 안 된다. 마찬가지로 아이의 공부에 관심은 갖되 "이렇게 해라, 저렇게 해라"라며 일일이 지시하는 것은 좋지 않다. 공부는 마라톤이다. 여기서 부모의 역할은 페이스메이커다. 하지만 많은 부모들이 자신이 마라토너인 양 자녀 대신 직접 뛰려는 잘못을 저지른다. S양의 부모가 그랬다. 대부분의 학과목을 엄마가 직접 가르치면서 아이의 부족한 부분을 계속 지적했다. 엄마는 자신이 지극정성을 쏟는 '맹모孟母'인 줄 착각하지만, 아이의 무의식은 그런 엄마를 자신을 공격하는 사나운 '맹모猛母'로 받아들인다. 이런 관점의 차이를 이해하지 못하는 엄마들은 자신의 집착에 빠져 눈과 귀를 가려버리고 아이의 변화를 관찰조차 못 하는 '맹모盲母'로 변해버린다.

물론 아이들도 처음에는 칭찬받고 싶은 본능적인 욕구에서 참고 순응한다. 하지만 자신의 지적 호기심을 충족하는 공부가 아니라 부모에게 쫓기듯 하루하루 견디는 공부이기에 결국에는 포기해버리고 만다. 이런 아이들에게 나타나는 강박증, 틱 장애, 불안 증상 등은 공부만 강요하는 부모로부터의 유일한 도피처인 셈이다.

"병이 치료되면 빨리 검정고시 공부를 해야 한다"라는 엄마가 버티고 있는 한 S양의 병은 호전되기 어렵다. S양에게 엄마와 공부는 한없이 무섭고 두려운 대상이다. 결국 문제는 공부가 아니라 모녀 관계다.

강박 증상 가운데 하나로 S양은 날카로운 송곳이나 칼 같은 것들을 자꾸 떠올렸다. 장롱이나 책상 바닥을 날카로운 것으로 긁어버리고 싶은 충동을 느꼈다. 왜일까? S양이 실제로 무의식 속에서 긁어버리고 싶었던 것은 과연 무엇일까?

* * *

문제 부모는 있어도 문제 아이는 없다. 아이의 문제는 고스란히 부모의 문제다. 부모를 살펴보면 문제의 정확한 원인을 찾을 수 있다. 증상이 아이의 몸과 마음을 통해 발현된다고 해서 아이만의 문제라고 여기는 것은 무지하고 비겁한 태도다. 오염된 물과 공기를 마셔서 암이 생겼다면 환경도 바꿔야 한다. 부모의 성급한 훈육이라는 환경부터 해결되어야 아이가 회복된다. 아이에게 행하는 치료만으로는 효과가 없었던 이유도 여기에 있다. 필자가 진료실에서 아이보다 부모의 태도에 더 주목하는 것도 그 때문이다.

무엇보다 아이와 부모의 소통 부재가 1차적인 원인이다. 그 밑그림 위에 학습 장애나 인터넷 중독, 교우 관계, 선생님과의 관계 등이 덧칠해질 뿐이다. 덧칠을 벗겨내면 밑바탕에 깔려 있는 건 언제나 부모와의 관계다.

부모들도 무의식적으로는 알고 있다. 그러나 스스로를 돌아보는 것에 대한 두려움과 불쾌감 때문에 아이들의 병으로 한정 짓고 싶어할 뿐이다. 아이에게만 온갖 병명을 붙여주는 의료 체계 또한 부모와 공범이다. 아이가 힘들어한다면 부모가 먼저 달라져야 한다. 이것이 가장 빠른 해결 방법이다. 그래서 선현들은 이런저런 학습법보다 늘 부모가 모범을 보일 것을 강조했다.

사춘기 반항은 정말 호르몬 탓일까?

"사춘기라서 그런 건가요?"

한의원에 방문한 부모들이 자주 하는 질문이다. 많은 부모들이 사춘기 갈등의 본질은 외면한 채 아이들 문제로만 바라보기 때문이다. '사춘기에는 호르몬 변화가 급격해져 2차 성징 등 신체적·정신적 변화가 생긴다'라는 점을 방패막이 삼으려 한다. 하지만 아이 문제에 가장 큰 몫을 하는 것은 부모와 아이 사이의 소통 문제다. 그런데도 부모들은 모든 원인을 아이에게 떠넘기고 자신은 그 책임으로부터 자유로워지길 원한다.

부모들은 사춘기가 되면서 아이가 '갑자기' 달라졌다고 말한다. 그러나 갑자기 달라지는 아이들은 없다. 여러 가지 증상을 이미 부모에게 호소해왔지만 묵살당한 것뿐이다. 결국 아이가 학교생활이나 학습 태도에서 본격적인 문제를 일으키거나 아이의 거센 저항에 부딪치고 나서야 부모들이 문제를 심각하게 인식한다. 부모 입장에서만 갑자기 달라진 것처럼 보일 뿐이다.

모든 아이들이 사춘기 갈등을 경험하지는 않는다. 사춘기가 있었나 싶게 조용히 넘어가는 경우도 많다. 그렇다면 호르몬만 탓할 것이 아니라 '왜 내 아이가 저럴까?'라는 물음부터 던져야 한다.

이는 엄마의 갱년기 장애도 마찬가지다. 갱년기 증상 역시 거의 느끼지 못하고 넘어가는 여성들도 많다. 반대로 심각한 신체적 고통과 우울증이 동반되는 경우가 있다. 그 이면에는 보통 남편과의 소통 부재나 가족 갈등이라는 억압된 분노가 숨어 있다. 이를 단순히 여성호르몬 탓으로만 돌리면 본질은 가려진 채 노년기에도 어려움은 계속될 수밖에 없다.

사춘기 갈등 역시 호르몬 탓이 아니라, 어려서부터 부모와 아이 사이에 쌓인 갈등이 그제야 폭발한 것뿐이다. 그런데도 그러려니 생각하고 해결점을 찾지 못하면 아이들은 그대로 성인기를 맞게 된다.

* * *

T군은 친구들을 때리고 물건을 빼앗는 등의 문제 행동 때문에 학교 선생님의 권유로 상담 치료를 받으러 왔다. T군의 엄마 역시 여느 부모들과 같은 태도였다. 엄마는 "얼마나 말 잘 듣는 아이였는데 사춘기가 오면서 확 달라졌어요"라고 말했다. 그러더니 "지난번에도 그래서 용돈도 올려줬는데 아이가 왜 그러는지 모르겠어

요"라며 답답해했다.

　문제는 그뿐만이 아니었다. 엄마는 T군의 일기장을 몰래 보고 깜짝 놀랐다고 한다. 엄마에 대한 불만과 함께 '엄마를 죽이고 싶다'라는 말까지 적혀 있었던 것이다. 엄마는 맞벌이를 하면서도 아이 뒷바라지에 최선을 다했는데 왜 이런 결과가 나타나는지 알 수 없다는 반응이었다.

　진료실에서 엄마와 있는 동안 말 한마디 하지 않던 T군은 엄마를 내보내고 나서야 조금씩 말문을 열기 시작했다. T군이 수차례의 상담 과정에서 어렵게 내비친 문제의 원인은 바로 엄마의 지나친 잔소리와 간섭이었다. T군은 엄마가 어릴 때부터 자신을 잠시도 가만두지 않았다고 토로했다. 학교가 끝날 시간이 되면 엄마는 직장에서 어김없이 전화를 해서 "공부는 했니?" "지금은 뭐해?" "어떤 친구와 있어?" 등을 꼬치꼬치 캐물었다. 그러다 집에 돌아오면 시킨 대로 해놓지 않은 것을 일일이 지적하며 혼내고 체벌했다고 한다.

　물론 초등학교 고학년이 되면서는 체벌을 중단했지만, 잔소리와 개입은 줄어들지 않았다. 가만히 얘기를 들어보니, 중학생인 T군이 자기 마음대로 안 될 때 폭력으로 해결하려 드는 것은 엄마의 훈육 방식에서 학습된 것이었다.

　함께 생활한 모자의 생각이 이처럼 서로 대조적이었다. T군의 엄마는 스스로를 맞벌이를 하면서도 자식에게 지극정성인 완벽한 엄마 혹은 자녀교육에 관심이 높은 고학력의 교양 있는 엄마임을 자부했다. 그러나 T군에게는 올가미처럼 끊임없이 자신의 목을 조르는 엄마일 뿐이었다. 또 외부 사람들에게 보이는 것과 자신에게 보이는 면이 전혀 다른 가식적이고 위선적인 엄마였다.

T군의 사례는 '잔소리'의 위험성을 그대로 보여준다. 부모는 잔소리를 통해 아이를 훈육하는 것이라고 여긴다. 그러나 잔소리를 많이 듣고 자란 아이들의 마음속에는 열등의식이 강하게 뿌리내린다. 한국인에게 유독 열등의식이 많은 것은 부모의 지나친 욕심과 잔소리 때문이라는 연구 결과에 귀를 기울여야 한다. 계속되는 잔소리는 아이의 사고와 행동반경을 좁힌다. 훈계는 짧아야 효과가 있다. 24시간 감시하듯 쫓아다니며 쏟아내는 잔소리는 어린아이일수록 심리적인 폭력과 다를 바 없다.

＊＊＊

더불어 부모의 체벌에는 기준이 있어야 한다. 첫째, 부모가 화난 상태에서 아이를 꾸짖어서는 안 된다. 이는 역효과만 난다. 잘잘못을 알려주지 못하고 화난 감정에 실린 공격성만 아이에게 전달된다. 이는 특히 뜻대로 되지 않으면 짜증이 많아지는 소음인 부모들이 주의할 점이다.

둘째, 이미 지나간 잘못은 들춰내지 말아야 한다. 아이가 기억 못하는 것을 들춰내는 일은 아이에게 공격과 싸움으로만 여겨진다. 특히 태음인 부모들은 불만을 꾹꾹 쌓아놓았다가 한꺼번에 폭발하듯 터뜨리는 경우가 많다. 이는 반드시 피해야 할 훈육 태도다.

셋째, 훈육에 일관성이 있어야 한다. 부모가 기분대로 훈육한다고 느끼면 아이들은 체벌에 순종하지 않는다. 특히 자기 기분에 따라 이유를 따져보지도 않고 겉으로 드러나는 현상만 보려는 소양인 부모들이 주의해야 할 사항이다.

아이의 잘못을 지적하는 것은 언제나 짧게 끝내야 한다. "너는 왜 늘 그 모양이냐"라는 식으로 모든 걸 하나로 몰아서 비난하거나 "구제 불능이야"라는 식으로 체념조로 말하는 것은 아이에게 더없이 심각한 폭력이다. 아이들이 부모의 공격 행위를 참고 참다가 폭발하는 것이 결국 사춘기 갈등이다.

그렇다면 아이들은 초등학교 때는 안 하던 일탈을 왜 사춘기 즈음에 하는 것일까? 정말 호르몬 때문은 아닐까? 그것은 부모 아이 간 권력 구도의 변화일 뿐이다. 아이가 어릴수록 부모는 절대 권력을 휘두르는 독재자와 다름없다. 아이로서는 감히 저항할 수가 없다. 그래서 부모의 훈육을 억지로 참으며 받아들인다. 그 과정에서 분노는 내적 갈등으로 차곡차곡 쌓여간다. 그러다 저항할 힘이 생겼다고 여기는 때가 사춘기 즈음이다. 그동안 아이가 부모에게 공격당하고 핍박받아왔다고 생각할수록 더욱 거세게 저항한다.

아이들의 내적 갈등은 크게 두 가지 형태로 나타난다. 첫째, 심리적인 변화다. 가족 갈등, 학교 적응 장애, 부모와 대화 단절, 우울증, 각종 일탈 행위 등이 이에 해당한다. 부모나 선생님에게 노골적으로 반항하거나 거친 언어 사용이 늘어난다. T군의 예가 여기에 속한다.

둘째는 몸의 반응이 더욱 두드러지는 경우다. 심리적인 문제를 드러내기 전에 틱 장애나 두통, 기면증 등, 검사를 해도 원인을 정확히 찾기 어려운 증상들이 주로 나타난다. 물론 심리적인 변화와 몸의 반응이 뒤섞인 상황에서 병원을 찾는 경우도 많다.

그러므로 사춘기 갈등은 정확한 원인을 찾는 것이 급선무다. 아이의 신체적·심리적 문제만 봐서는 결코 답이 없다. T군의 엄마처럼 "내가 아이에게 어떻게 했는데⋯⋯"라는 원망만 하게 된다. 혹은 심각하게 생각하지 않고 틱 장애를 마치 감기 정도로 여겨 신경안정제 처방을 받아 아이의 증상이 완화되면 다 치료되었다고 믿는다. 이런 식의 접근에는 큰 함정이 도사리고 있다. 결국 해결해야 할 부모와 아이 간 소통 문제는 풀리지 않은 채 그대로 남게 된다.

아이가 사춘기 증상을 보인다면, 어쩌면 절호의 기회일지 모른다. 그동안 보이지 않게 서로를 억누른 소통 부재, 혹은 일방적인 소통을 돌아볼 기회다. 더 큰 문제로 번지기 전에 전화위복을 꾀할 수 있는 순간이므로 감사할 일이다. 단, 부모 자신부터 돌아봐야 한다. 부모가 진정으로 스스로를 반성하지 않고 아이에게 발끈하면 결국 다시 먼 길을 돌아 헤매게 된다.

사춘기 갈등은 빙산의 일각임을 잊지 말자. 수면 위로 떠오른 아주 작은 문제에 불과하다. 사춘기 갈등은 부모 자녀 사이에서 빚어진 '분노'와 '불안'이 만들어낸 결과물이다. 그러므로 아이의 분노와 불안이 왜, 어떻게 만들어졌는지, 빙산의 크기를 가늠할 기회를 놓쳐서는 안 된다.

목동이 양을 치는 장면을 상상해보자. 목동은 양들을 하나하나 목줄에 매어 끌고 다니지 않는다. 몇 걸음 뒤에서 바라보며 대열에서 벗어나는 양들만 엉덩이를 살짝 때려서 낙오되지 않도록 이끈다. 부모의 역할과 아이와의 거리도 이와 같아야 한다. 그런데 부모들은 어린 양의 목에 보이지 않는 목줄을 일일이 매려 한다. 그리고 부모 자신이 원하는 길에서 한 치도 벗어나지 못하게 한다. 그것을 자녀교육의 최선이라 착각한다. 그러다가는 결국 순하디 순한 양들이 목동에게 덤벼드는 상황이 연출될 수밖에 없다.

원인은 어린 양의 목에 매둔 목줄이다. 하물며 사춘기 아이의 몸은 이미 성인이나 다름없다. 그런데도 여전히 어린 양으로 여겨 목줄을 풀지 않으려는 부모와 이제는 벗어나려는 아이 사이에 힘겨루기가 시작되는 것이 바로 사춘기 일탈의 본질이다.

부모가 아이에게 덧씌운 목줄의 실체를 인정하는 것이 관계 회복의 첫걸음이다. 물론 용기가 필요하다. 지금의 문제는 과거에서 비롯된 것임을 받아들여야 한다. 또한 아이와의 관계 회복은 신뢰가 관건이다. 한번 무너진 신뢰를 서둘러 회복하려고 조급증을 내는 것은 바람직하지 않다. 평소에 정겨운 대화 한 번 나누지 않던 부모가 갑자기 다가가면 아이는 갑자기 왜 이러나 싶어 도망가기 쉽다. 게다가 말투나 태도는 하루아침에 바뀌지 않기에 훈계조로 대화하려 하면 자칫 관계 회복은 더 멀어진다.

인터넷 중독은
부모로부터의 도피다

　인간은 왜 술에 중독될까? 이제마는 "일하기 싫어서 술로 피하는 것"이라고 일갈했다. 현실 도피라는 얘기다. 어른들이 술로 도피하듯 아이들은 인터넷이나 게임으로 도피한다. 연예인 팬덤이나 사생팬 역시 자신의 욕구가 가정이나 학교에서 좌절되면서 시작되는 경우가 많다.

　이 밖에도 부모와의 소통은 차단한 채 또래 집단과 어울리며 술, 담배, 오토바이 등 다양한 일탈을 시도한다. 이 또한 중독이며, 학교와 부모로부터의 도피다. 그중에서도 가장 근본적인 원인은 부모다. 학교나 성적에 문제가 있어도 부모와 원활하게 소통이 되면 아이들은 중독에 이르지 않는다.

***

만성 피로와 무기력증으로 내원한 U군의 예를 보자. 엄마는 "아이가 최근 들어 하루 종일 잠만 자고, 변비에 소화불량으로 몸도 자꾸 말라간다"라며 보약을 짓기 위해 한의원을 찾았다. 엄마는 춘곤증으로 인한 단순한 체력 저하로 여겼다. 그런데 사정을 들어보니, 아이의 증상은 3개월 전에 스마트폰을 사달라는 요구를 거절당한 뒤부터 생겨났다. U군은 평소에도 오랜 시간 게임을 했다. 그러다 스마트폰 구입을 거절당하자 그나마 하던 공부조차 안 하고 하루 종일 잠만 자게 됐고, 책상에 엎드려 자다 보니 소화가 안 되고 변비까지 생긴 것이다.

U군은 소음인이다. 자기가 결론 내린 것은 반드시 이루어야 직성이 풀리는 체질이다. 그게 안 되면 거칠게 표현하거나, 아니면 수동 공격의 태도를 취한다. 수동 공격이란 상대방이 원하는 것을 들어주지 않는 것으로 상대방을 괴롭히는 것을 말한다. 공격 방식에는 두 가지가 있다. 자신이 강자일 때는 물리력이나 언어폭력을 동원해 공격한다. 반대로 상대가 강자일 때는 수동 공격을 가한다.

U군은 스마트폰 게임을 못 하게 되자 '나도 부모님이 원하는 것을 들어주지 않겠다'라는 수동 공격 태세를 취한 것이다. 즉 하루 종일 무기력한 모습을 보여 부모에게 고통을 주었다. 이는 단순한 사춘기 반항과는 다르다.

U군이 이렇게까지 게임에 중독된 이유는 뭘까. "프로게이머가 되고 싶으냐"라고 묻자 아이는 "그건 아니고요……"라며 말끝을 흐렸다. 장래 희망에 대해서는 아직 모르겠다고만 답했다.

U군이 회피하고 싶은 현실은 바로 부모다. U군은 공부를 잘하는 형에 비해 자신은 부모에게 사랑과 관심을 받지 못한다고 생각했다. 성적이 상위권인 형과 달리 중간에도 못 미치는 자신의 성적은 아무짝에도 쓸모없다고 생각했다. 그 때문에 자존심이 상하고 공부 동기마저 상실했다. '어차피 상위권에도 못 들 텐데 그건 해서 뭐해' '형보다 잘하지도 못할 텐데……'라며 아예 공부를 접어버린 것이다.

U군의 경우, 기준점이 늘 비교 대상인 형의 성적이자 부모의 평가였다. 엄마 말이, 형과 한번 크게 싸운 뒤로는 한 집에 지내면서도 남남처럼 대한다고 했다. 그런데 이는 형과 사이가 나빠서라기보다 비교당하는 것에 대한 U군의 무의식적인 거부감 때문이다. 게다가 자기 성적이 만족스럽지 못하니 학교에 가도 재미가 없었다.

그런데 아버지의 태도는 강경했다. U군을 대안학교로 전학시키고, 인터넷 사용이 불가한 지방의 한 교육 치료 시설에 몇 달간 보낼까 고민했다. 그러나 이는 미봉책에 불과하다. 당장 게임을 못하니 중독이 해소된 것처럼 보일 수도 있다. 그러나 아이 마음은 어떨까? 부모에게 사랑과 관심을 받고 싶은 욕구는 해소되지 못한다. 오히려 치료 시설에 들어가면서 '나는 버려졌다'라거나 '나는 절제력이 없는 사람'이라는 무력감과 상처를 떠안게 될 수도 있다. 뿐만 아니라 부모에 대한 분노로 점점 의기소침해지거나, 결국에는 게임이 아니더라도 다른 일탈에 빠져들게 된다.

아이가 그토록 외면하려 하는 현실에 대해 부모도 공감해줘야 한다. 아이에게 필요한 건 입바른 소리가 아니라 부모의 인정과 사랑뿐이다. 학교와 집에서 당당하게 설 자리를 마련해주지 못하면 아이는 무엇에든 중독에 빠질 수밖에 없다.

필자는 U군의 부모에게 차라리 게임기를 사주도록 권유했다. 대신 아이 스스로 몇 시간만 하겠다는 약속을 지킬 수 있게 했다. 아울러 아버지도 게임을 배워서 아이와 함께 게임을 해보라고 권했다. 아이들 문제에 아버지들은 흔히 "뭐가 문제야, 말을 해봐"라고 다그치듯 묻는다. 평소 소통의 끈이 이미 끊어진 상황에서는 아이의 마음을 열기 어렵기에 아이와 함께 끊어진 끈을 잇기 위해 노력해야 한다. 우선은 아이의 도피처인 게임 속으로 부모가 함께 들어가야 한다.

부모가 '게임은 나쁜 것'이라 단정 짓고 억압하려고만 하면 소통의 접점을 찾을 수 없다. 아이는 공부뿐만 아니라 일상생활에서도 아무런 성취감을 느끼지 못한 채 어른아이가 될지도 모른다. 게임이든 일탈이든 아이의 중독은 부모가 만든 결과물임을 받아들여야 한다. 부모가 뿌린 씨를 이제라도 바로 거두겠다는 마음으로 아이와 교감해야 조금 돌아가더라도 바른 길로 인도할 수 있다.

＊ ＊ ＊

인터넷이나 게임 중독에 빠지는 아이들을 보면 한 가지 공통점이 있다. 부모가 아이에게 과도한 기대를 갖는다는 것이다. 부모의 기대치가 너무 높으면 아이는 자신의 부족함에 좌절하고 포기하게 된다. 부모의 기대치와 자신이 처한 현실의 간극이 적으면 아이는 포기하지 않고 어떻게든 쫓아가려 노력한다. 그러나 그 간극이 아이가 받아들이기에 너무 크다면, 아이는 질겁해 포기한다. 그 균형을 잡으려면 아이의 마음을 헤아리고 소통하는 수밖에 없다.

앞서 말했듯이 기대감은 전하되 기대치는 전해서는 안 된다. 기대감이란 "넌 할 수 있어" "지금은 좀 부족한 것 같아도 언젠가는 충분히 해낼 수 있어"라며 희망과 용기를 북돋워주는 것이다. 그런데 기대치란 "공부를 할 거면 이 정도는 해야지" "누구는 몇 점 받았다는데 너는 왜……"라는 식으로 기준을 재단해 당장의 결과만으로 비교하는 것이다. 아이가 느끼는 좌절감이 자포자기를 유발하고, 현실 도피는 게임 중독으로 이어진다. 현실 도피로 인한 아이들의 중독은 그 시간이 즐거워서도, 적극적인 동기가 있어서도 아니다. 그렇기에 부모들의 교육관이 바뀌지 않는 한 아이들의 중독은 끝나지 않는다.

아이를 긍정적으로 자극하는 기대감을 전하기 위해서는 부모의 교육관이 편협해서는 안 된다. 다양한 가능성을 열어두고 아이의 타고난 재능에 맞게 이끌어주어야 한다. 부모 방식대로 밀어붙이면, 아이는 조금만 어긋나도 스스로 실패했다고 생각한다. 과도한 불안으로 새로운 도전에 의욕을 갖기 어려워진다.

아이들은 자신이 머무를 따뜻한 안식처를 본능적으로 찾게 마련이다. 부모와의 관계보다 게임기가 차라리 더 편안하고 따뜻하다고 여겨지는 순간 아이는 게임에 빠져들게 된다. 어른이 변할 것인가, 아이가 변할 것인가? 어느 것이 더 빠를까? 당연히 어른이 먼저 변해야 한다.

청소년기 학습 강박증은 평생 간다

"어린애가 무슨 우울증?"

"중학생이 강박증이라고?"

청소년 우울증을 접하는 어른들의 흔한 반응이다. 아이들 역시 치열한 입시 전쟁에 일찍 노출되면서 우울증이나 강박증을 겪는 사례가 성인에 비해 결코 적지 않다. 그렇기에 '아이들이 무슨 우울증이냐' '공부하느라 힘들어서 평계를 댄다'라는 부모들의 무심한 태도를 경계해야 한다. 그리고 내 아이와는 전혀 무관한 일이라며 방관해서도 안 된다.

최근 12~18세 중고생 대상의 통계 조사에 따르면, 우울증을 경험했거나 자살을 생각한 적이 있다는 청소년의 비율이 평균 12.2

313

퍼센트에 달한다. 특히 여학생의 경우 15.0퍼센트로 남학생에 비해 높다. 이는 7~8명 가운데 한 명꼴이다. 연령별로 나누어보면 12~14세는 9.8퍼센트인 데 비해 15~18세는 14.8퍼센트로 더 높다. 이는 학업 스트레스와도 비례한다.

*　*　*

불안증으로 병원을 찾은 중학생 V군은 항상 잠을 깊이 못 자고 평소에도 자주 불안해했다. 특히 엄마와 떨어지면 극도로 불안해해서 5학년까지도 엄마와 같이 자야 했다. 아빠가 억지로 옆방에 떼어놓았지만 무섭다고 울기 일쑤였다. 잠을 못 들거나 간신히 잠 들었다가도 부모 방으로 이내 돌아오곤 했다. 지금은 떨어져 자긴 하지만 안방과 작은방 문을 다 열어놓고 잔다.

V군은 낮에도 뭘 하다가 조금만 막히면 어린아이처럼 못 하겠다며 울음을 터뜨렸다. 아빠는 "처음에는 막내라 마음이 여려서 그런가보다 했는데, 곧 고등학교에 진학하는데 저렇게 해서 어떻게 생활할지……"라며 걱정했다.

V군에겐 분리불안이 있었다. 그런데 부모의 얘기를 들어보니, 어릴 때 아이를 다른 곳에 맡겨두고 맞벌이를 한 적도 없었다. 엄마가 우울증이 있던 것도 아니었다. 무엇보다 부모가 심하게 야단치거나 대놓고 학습을 강요한 일도 없었다. 그렇다면 V군은 왜 이렇게 겁 많고 소심한 성격으로 자랐을까?

V군과 상담을 해보니, 엄마가 형에게 지나칠 정도로 엄격하게 학습을 강요하는 것이 문제였다. 엄마는 "둘째는 공부로 야단쳐본 기억도 없지만 형은 많이 혼났다"라고 말했다. 엄마는 V군의 형이

초등학교에 입학하자마자 학습 태도를 바로잡는다며 엄격하게 군기를 잡았다. 성적이 안 좋아도 혼을 냈고, 엄마가 일일이 끼고 가르치면서 걸핏하면 심하게 야단을 쳤다. V군은 그런 장면들을 매일같이 옆에서 지켜봤다.

V군은 형이 혼나는 장면을 보면서 어떤 생각이 들었을까? '공부를 못하면 엄마한테 저렇게 혼나는구나' '나도 학교에 들어가면 저렇게 혼나면서 공부해야 하는구나'라는 무의식적 두려움을 갖게 된 것이다. 그 두려움의 결과가 분리불안이다. 한마디로 먹고 자고 놀기만 해도 혼나지 않는 어린아이로 되돌아가거나, 성장을 멈추고 학교에 들어가고 싶지 않다는 무의식이 작용한 것이다. 열 살이 넘도록 엄마 곁에서 자고 싶어하는 것은 일종의 퇴행 현상으로, 무서운 엄마에게 혼나지 않고 자신을 보호할 수 있는 선택인 셈이다.

어릴 때 부모에게서 인정 욕구가 적절히 충족되면 자녀는 독립하고 싶어한다. 부모가 붙잡아도 함께 자려 하지 않는다. 그러나 인정 욕구가 채워지지 않으면 초등학교 고학년이 되도록 애착의 허기를 느끼고 분리불안과 같은 증상을 보인다. 이는 비단 아이들만의 문제가 아니다. 성인이 되어 배우자에게 집착하거나 늙어서 자식에게 집착하는 것에는 어릴 적 분리불안이 관련되어 있다.

자신이 직접 매를 맞는 것도 두렵다. 그런데 자기 순서를 기다리면서 다른 사람이 매 맞는 것을 지켜보는 것이 어쩌면 더 공포스럽다. V군은 형이 무섭게 혼나는 것을 지켜보며 언젠가 엄마가 자신에게도 위협적인 존재라는 생각이 각인된 것이다. 그럴수록 애착의 허기를 느끼고 불안 증상을 드러내게 되었다. V군의 경우 회복

315

되기까지 꽤 먼 길을 돌아가야 했다. 부모는 '내 자식이 공부를 잘 해서 안정적으로 살아갔으면……' 하는 바람에서 학습을 독려한 것이, 아이 입장에서는 쉽게 내려놓을 수 없는 무거운 짐을 지워준 불안증이 되어버렸다.

＊ ＊ ＊

정신분열증 진단을 받고 내원한 20대 중반의 W군 역시 엄마의 과도한 학습 독려가 원인이었다. 지역 순환 근무가 많은 기업에서 일하던 아버지 때문에 W군은 전학을 많이 다녀야 했다. 그럴 때마다 내성적인 성격의 태음인인 W군은 환경 변화에 대한 적응이 느려서 매번 어려움을 겪었다. 그런데 아버지는 늘 회사 일로 바쁘고, 완벽주의인 엄마가 W군의 훈육을 담당했다. 새로운 환경에 적응하지 못할수록 많이 기다려주고 배려해줘야 하는데, 엄마는 군기를 잡듯 W군을 일방적으로 몰아세웠다.

태음인은 새로운 환경이 두려워지면 그나마 자신이 편안하다고 느끼는 곳으로 숨어버린다. 마치 자라나 거북이가 위협을 느끼면 머리를 쑥 집어넣고 아무리 등을 두드려도 밖으로 나오지 않는 것과 같다. 그러다 바깥세상의 위험 요소가 완전히 사라졌다고 여겨졌을 때에야 조금씩 밖으로 나올 시도를 한다. 그런데 W군은 엄격한 부모 때문에 잔뜩 주눅이 들어 있는데다 주위에 친구도 없고 사교성도 부족했다. 당연히 친구들을 잘 사귀지 못했고 중학교 때는 왕따까지 당했다.

그런데도 엄마는 W군에게 공부를 강요하기에 바빴다. 아이가 무엇을 힘들어하는지는 알아보려고도 하지 않았다. 오로지 엄마의 목표에 아이를 끼워 맞추려고만 했다. W군은 엄마가 자신을 몰아붙일수록 더 깊이 숨을 곳을 찾다가 결국 자신의 내면세계로 숨어버렸다. 고등학교 때는 공부하다가 자신의 손에서 타는 냄새가 난다고 호소했다. 그런데도 엄마는 정신과 약물 치료로 끝냈다. 그때 자신의 훈육 방법이 지나쳤음을 깨닫고 아이를 따뜻하게 보듬어주었더라면 정신분열증에까지 이르지는 않았을 것이다.

이후에도 엄마는 여기저기서 계속 약물 치료를 받게 했지만 증상은 오히려 심해졌다. 환각에 환청까지 들렸다. 하지만 어느 곳에서도 엄마의 훈육 방식이 아이 병의 원인이 될 수 있다는 조언은 듣지 못했다. 필자에게 처음으로 이런 설명을 듣고 W군의 엄마는 완강히 부인했다. "아이가 어릴 때부터 워낙 예민했어요"라거나 "중학교 때 왕따를 당한 뒤로 생긴 병"이라고 말했다. 오로지 아이 문제라는 주장이었다.

아이들은 백지 상태에서 부모가 처음 그려준 밑그림대로 성장한다. 조기 학습이라는 명분 아래 자신의 집착을 보지 못하는 부모들이 성급하게 저지르는 실수다. 아이가 겪는 고통은 위의 사례에서 보듯 상상 그 이상이다.

***

부모들은 '창조적 인재'라는 말을 좋아한다. 내 자식도 그렇게 키우고 싶어한다. 그러나 창조는 기존 질서의 파괴 없이는 불가능하다는 것을 알아야 한다. 부모가 그려준 밑그림에 순종하며 그대로 색칠만 하는 학습 노동을 강조하면 아이들의 창의력은 사라지고 만다.

아이가 스스로 그리고 싶은 것을 그릴 때까지 빈 종이의 여백을 가만히 지켜봐주는 것도 부모의 역할이다. 위 사례의 아이들이 겪는 문제는 부모가 아이의 마음에서 '여백'을 지워버렸기에 생긴 것이다. 부모가 자신들의 낡고 고루한 틀을 파괴하지 않고는 아이들의 머리에서 창조적인 아이디어는 샘솟지 못한다는 것을 깨달아야 한다.

틱 장애, 아이의 마음체질을 무시한 부모 탓이다

'화'가 나면 그 원인에 따른 적절한 반응이 따라온다. 그런데 이런 반응을 보이기가 쉽지 않거나 금지되면 다른 대체물로 바뀐다. 그런 대체물은 연관성이 없어 보이는 엉뚱한 행동으로 나타나기도 한다. 이를테면 왕 앞에서 분노를 억눌러야 했던 독일의 재상 비스마르크가 후에 값비싼 화병을 바닥에 던져 박살내 진정했다는 일화가 있다. 철혈 재상조차 왕 앞에서는 자신의 생각이나 감정을 마음대로 표출할 수 없었다. 이처럼 어떤 사람은 화가 날 때 자신도 모르게 값비싼 물건을 깨뜨리기도 한다. 실수로 가장한 것일 뿐, 이 역시 무의식에서 의도한 것이다.

때때로 흥분을 전혀 발산하지 못하고 계속 남아 있는 감정도 있다. 이 경우 비정상적인 신체 반응이 나타난다. 이것이 '정서의 비정상적 표현'이다. 대표적인 것이 틱 장애다.

아이들은 분노를 제대로 표현할 줄 모른다. 그런데 아이들에게 부모란 어떤 존재인가. 절대 권력을 쥔 왕과 다름없다. 아이들에게 학업이란 무엇인가. 상위권에 속하지 않으면 마치 패자가 되는 양 온 사회가 나서서 분위기를 조성한다. 요컨대 부모나 학업 등 절대 권력과도 같은 불가항력의 환경은 아이의 마음에 분노를 일으키기에 충분하다. 이런 분노가 제대로 발산되지 못하고 몸으로 나타나는 것이 바로 틱 장애다. 즉 무의식적인 욕구불만을 틱으로 해소하면서 그나마 분노를 달래는 것이다.

따라서 틱 장애를 치료하기 위해서는 부모, 학업, 친구 관계 등 아이를 둘러싼 환경적인 요인부터 찾아야 한다. 틱 장애를 치료하기 위한 약물이 따로 없는 것도 이런 이유에서다. 아이들이 저마다 다르듯 분노의 원인 또한 제각각이다. 그런데 어떻게 한두 가지 신경안정제로 문제를 해결할 것인가. 오히려 신경안정제를 오래 복용하면 분노 표출에 대한 원인 분석이 늦어질 수밖에 없다. 그러면 성인이 되어서도 틱 장애가 반복된다.

진료실에서 틱 장애를 앓는 아이들을 접하면 오히려 정신 에너지가 충만한 경우가 많다. 몰입하고 싶은 일에는 누가 시키지 않아도 열정적인 에너지를 드러낸다. 여느 아이들보다 타고난 정신 에너지가 풍부하다.

이렇게 넘치는 정신 에너지는 어떤 식으로든 방출되어야 한다. 넘치는 홍수 물을 둑이나 댐으로 마냥 막아둘 수 없는 것과 같은 이치다. 이 에너지는 자신의 관심사나 즐거움에 쏟아부어야 한다. 그래야 둑이나 댐이 무너지지 않고 정상적인 물길을 열 수 있다.

그런데 부모들은 아이들의 정신 에너지를 오직 한곳으로만 흐르도록 유도한다. 마치 학교 공부만을 위해 아이를 키우는 듯하다. 이는 학교에 입학하기 전부터 과잉 학습으로 이어지고 "조기 교육은 남들도 다 하는데 어쩔 수 없다"라며 변명한다. 그러나 이는 어디까지나 아이의 물길을 억지로 뚫는 일이다. 각각의 아이가 타고난 마음결대로 물길을 터주어야 에너지가 원활하게 순환한다.

틱 장애는 소음인과 태음인 아이들이 대체로 많이 겪는다. 소양인 아이들은 외향성을 타고나 감정 조절이 적절한 편이어서 상대적으로 스트레스를 덜 받는다.

틱 장애를 겪는 소음인 아이의 특징 가운데 하나는 또래끼리 어떤 놀이나 활동을 할 때 갑자기 끼어들거나 전체 분위기를 망치는 것이다. 친구들에게 양해를 구하거나, 주변을 배려하거나, 감정을 파악하는 게 서투르기 때문이다. 내 고집대로 안 되면 짜증을 내며 언쟁을 벌이기도 한다. 대화할 때도 다른 사람의 말을 뚝 자르고 자기가 하고 싶은 말부터 한다. 질문에 대한 대답을 회피하면서 자신이 강조하고 싶은 것만 서둘러 말하려는 태도가 소음인 아이들의 대체적인 특징이다.

이렇다 보니 쉽게 따돌림의 대상이 되기도 한다. 가뜩이나 기질적으로 타인의 감정을 이해하거나 배려하는 태도가 부족한데다 어리기까지 하니 소음인 아이는 단체 생활에서 어려움을 겪기 쉽다. 또한 학교나 부모 등으로부터 억압된 에너지가 많으면 많을수록 또래 관계에서 공격성이나 감정적인 배려의 미숙함이 더 강하게 표출된다.

태음인은 어린아이라도 일단 받아들이고 수용하는 기질이 강하다. 부모의 무리한 요구에도 처음에는 순응하기 위해 무던히 참는다. 그러나 이런 노력에도 한계가 있게 마련이다. 한계에 다가가는 과정에서 틱 장애가 생긴다.

틱 장애를 겪는 태음인의 특징은 자신은 별로 스트레스가 없다고 말한다는 것이다. 늘 참으며 살아왔기에 그런 점을 어느 정도 당연하게 받아들이는 것이다. 이는 어릴 때부터 참다가 병이 생겼다는 것이다. 태음인 아이는 소음인 아이들처럼 교우 관계나 학교생활에서 돌출 행동을 하거나 갈등을 빚는 일은 훨씬 적다. 항상 모범적인 규범 안에 머무르기 위해 스스로 부단히 애쓴다. 그래서 나중에는 자신이 진정으로 원하는 것이 무엇인지조차 잘 모를 정도다. 심지어 부모나 사회의 기준에 자신의 본능적 욕구마저 맞추려 든다.

태음인 아이는 스트레스를 받을수록 성격이 더욱 내성적으로 변하고 소심해진다. 어린 나이에도 조심성이 많고 신중하며 의젓한 편이다. 그런 만큼 부모나 어른들의 부당함을 겉으로 표현하기보다 참고 인내하려고 하기 때문에 화병이나 틱 장애가 오는 경우가 많다.

따라서 아이가 평소와는 다른 표현을 하거나 이상 증상이 발견되면 공부 압박을 줄이고 음악, 미술 등의 예능 활동을 통해 아이들의 넘치는 에너지 수위를 조절해야 한다. 이런 점은 동서양을 막론하고 왕실이나 귀족의 자녀교육에서도 잘 드러난다.

그런데 요즘 세대는 어떤가. 음악, 미술조차 정신적인 에너지를 표현하는 수단이 아니라 또 하나의 스펙 쌓기요 숙제가 되어가고 있다. 결국 넘치는 정신 에너지를 타고난 훌륭한 자질의 아이들이 오히려 문제에 부딪친다. 틱 장애를 앓는 아이들이 점점 늘어나는 현상과도 무관하지 않을 것이다.

이런 관점을 이해하지 못하는 부모들이 흔히 "우리 아이가 전에는 똑똑했는데 지금은 왜 이러는지 모르겠어요"라고 말한다. 아이의 타고난 마음체질을 무시한 채 에너지의 흐름을 막아놓고도 장애물을 치울 엄두를 못 내는 것이다. 정말 이유를 모르거나, 이유를 알더라도 지금까지 이끌어온 것이 아까워 선뜻 포기하지 못하거나, 새로운 물길을 열 용기가 없는 경우도 있다.

아이에게 신경안정제를 먹이는 것으로 부모 역할을 했다고 생각해서는 안 된다. 다수의 부모가 선택한 길에서 나만 낙오되는 듯한 두려움에 아이가 마음의 문을 걸어 잠그는 것을 눈감아서는 안된다.

"공부해라" 백 마디 말보다
부모가 먼저 공부하라

"어찌 할까 어찌 할까 하지 않는 자는 나도 어찌할 수 없다."

『논어』에 전해지는 말이다. 수천 수만 명에 달한 제자를 거느린 공자 역시 스스로 고민하지 않는 학생은 억지로 공부하게 할 방법이 없더라는 결론을 내렸다. 부모 역시 아이가 공부하겠다고 할 때 도와줄 수는 있어도 공부하지 않으려는 아이를 공부하게 만들기는 어렵다.

그럼에도 부모들은 공부해라, 공부해라 노래를 부른다. 그런데 한 걸음만 뒤에서 바라보면, 이는 아이를 위한 말이라기보다 부모가 자신의 불안을 잠재우기 위한 강박적인 잔소리일 뿐이다. 역시 지나치면 아이도 엄마도 고통스럽다.

***

폭식증과 틱 장애로 내원한 X군의 사례도 이에 해당한다. 엄마도 아이도 모두 태음인으로, 엄마 또한 폭식증 치료를 받았다. X군은 저학년 때까지만 해도 성적이 좋았다. 그런데 어느 순간 "공부해라"라는 엄마의 날선 목소리만 들릴 뿐, 아이는 공부에 흥미를 잃어버렸다.

공부를 곧잘 하던 모범생 아이는 사춘기가 되면서 돌변했다. 학교에서 돌아오면 엄마를 본체만체하고는 냉장고로 달려가 먹을 것부터 꺼냈다. 그러면서 수시로 엄마에게 대들고 짜증을 냈다. 스트레스성 폭식증이었다. X군의 스트레스는 온전히 엄마에게서 비롯되었다. 바로 공부하라는 잔소리 때문이었다. X군은 엄마의 잔소리를 피하고 싶어 아파트 단지 안에 있는 독서실에서 공부하겠다고 했다. 그러던 어느 날 엄마가 암행 감찰을 나갔는데, 하필 그때 친구들과 놀다가 딱 걸려버렸다.

그날 이후로 엄마는 X군을 집에서만 공부하게 했다. 그뿐 아니라 어떤 친구를 만나는지, 진도는 어디까지 나갔는지, 아이의 공부방을 수시로 드나들며 확인했다. 그 무렵부터 X군은 공부할 마음이 아예 사라졌다. 엄마가 무서워 책상 앞에 붙어 있긴 했지만 학습 능률은 오르지 않았다. 쫓으려는 엄마와 잡히지 않으려는 아이의 신경전이 결국 두 사람 모두를 스트레스성 폭식증으로 내몰았다.

엄마도 실망감이 컸다. 1년 전만 해도 주변 엄마들이 항상 X군의 엄마에게 학습 방법을 물어올 정도로 X군은 공부를 잘했다. 그런데 아이의 성적이 떨어지자 아무도 관심을 갖지 않았다. 그래도 어떻게든 아들을 의사로 만들겠다는 생각에 엄마는 "조금만 더 공부해라"라는 잔소리를 쏟아냈다.

엄마와 X군 모두 건강과 공부를 원점에서 출발해야 했다. 엄마는 아이가 공부하는 시간에 무얼 하는지 물었더니 TV를 보거나 집안일을 한다고 답했다. 필자는 폭식증 한약을 처방하는 동시에 앞으로는 아이가 공부를 하든 말든 신경 쓰지 말고 하루 종일 집에서 책을 보라고 권했다. 처음에는 힘들겠지만 그 과정을 엄마가 견디지 못하면 아이의 공부 역시 요원할 거라고 경고했다. 그리고 TV부터 내다버리라고 조언했다. 엄마가 TV 앞에 앉아 아이만 닦달하는 건 불공평한 처사라고 설득했다.

아이에게는 공부하라고 책을 전집으로 사다 안겨주면서도 정작 부모는 집에서 몇 권의 책을 읽으며 고민하고 공부했던가. 집에서 책 한 권 읽지 않는 부모의 모습에서 아이가 공부에 대한 절박함을 느끼기는 어렵다. 아무리 아이에게 물질적으로 좋은 교육 환경을 제공한다 해도 보고 배우는 것이 없으면 소용없다. 아이들은 어른의 말이 아닌 행동을 따라 배우기 때문이다. 공부를 좋아하는 아이로 키우고 싶다면, TV를 치우고 부모가 책 읽기를 즐겨야 한다.

3개월 뒤, 엄마도 X군도 제자리를 찾아가기 시작했다. 엄마는 "그동안은 머릿속에 온통 아이 공부 생각뿐이었는데, 요즘은 운동도 열심히 하고 틈만 나면 책을 읽어요. 그런데 책을 읽는 게 말처럼 쉽지는 않더라고요. 아이한테 공부가 세상에서 가장 쉬운 거라는 말은 이제 못 하겠더라고요"라며 웃었다. 엄마는 또 "요즘은 아이가 뭘 하든지 신경을 안 쓰려고 노력한다"면서 "오히려 예전보다 자기가 잘 알아서 공부하더라"라며 흐뭇해했다.

*　*　*

엄마의 불안은 잔소리에서 나아가 '맹모삼천지교'로 발전하기도 한다. 유치원은 물론이고, 겨우 만 3~4세인 아이를 위해 어린이집을 보낼 때도 각종 교육 프로그램을 꼼꼼히 챙긴다.

내 아이에게 최고의 교육 환경을 제공하겠다는 일념은 초·중·고 과정에서도 계속 이어진다. 초등학교 때는 엄마가 나서서 친구의 집안 환경을 조사하는 등 함께 놀지 말지를 결정해준다. 내 아이의 학습에 안 좋은 영향을 주면 어쩌나 하는 걱정 때문이다.

초등학교 때부터 학군을 따지기 시작한다. 매 학년 초면 담임선생님의 성향과 학습 지도 스타일까지 학부모 네트워크를 총동원해 알아낸다. 만약 학습 지도가 조금이라도 부실하다는 걸 알게 되면 학부모 운영회 등을 통해 강력히 항의한다. 학부모끼리 학습 관련 정보를 주고받기 위한 물밑 신경전도 치열하게 벌인다.

그야말로 자녀교육에 '올인'하는 맹모들이 주변에 차고 넘친다. 어느 부모나 내 아이에게 보다 좋은 교육 환경을 제공하고 싶은 마음은 절실할 것이다. 그러나 친구, 선생님, 학교, 학원, 시험 정보, 교재 선택, 과외 등 이 모든 것은 하나같이 외부의 조건이다. 가장 중요한 것이 빠져 있다. 바로 '엄마' 자신이다.

"군자는 자신에게서 구하고 소인은 남에게서 구한다"라는 가르침처럼, 항상 해답은 자신에게 있다. 맹모를 자처하는 엄마들이 과연 일주일에 책은 몇 권이나 읽을까? 드라마 시청 횟수와 독서 권수를 비교하면 몇 대 몇이 될까?

인간은 환경의 동물이다. 나고 자라면서 보고 듣고 배우게 마련이다. 아무리 좋은 학군에 좋은 교재를 눈앞에 놓아둔다 한들 부모가 공부하지 않으면 소용없다. 아이의 무의식에는 '엄마는 TV만 보고 재미난 것만 하면서 왜 나만……'이라는 생각이 들 수밖에 없다.

틱 장애로 병원을 찾아온 한 초등학생은 장래 꿈을 묻자 "엄마처럼 사는 거요"라고 답했다. 아이는 "아빠가 벌어다주는 돈으로 사고 싶은 거 다 사고, TV 보고 싶을 때 보고, 자기 마음대로 편안하게 살잖아요. 우리 엄마가 이 세상에서 최고로 행복한 것 같아요"라고 답했다. 이렇게 생각하는 아이에게 엄마가 "공부해라" 다그치고 비싼 학원을 보낸다고 과연 공부하고 싶은 마음이 생길까.

부모들은 가끔 "공부 안 하면 커서 가난하게 산다"라는 논리로 아이를 협박한다. 그러나 요즘 아이들은 부모 이전 세대의 가난을 겪어본 적이 없어서 가난의 고통이 어떤 것인지 잘 모른다. 그러니 협박이 통할 리 없다. 게다가 아이도 생각할 것이다. '엄마는 저렇게 책 안 읽고도 잘 먹고 잘 사는데……'라고.

아이에게 필요한 것은 좋은 선생님, 좋은 학교, 좋은 학원이 아니다. 본받을 만한 부모의 모습이다. 그러니 부모 자신부터 바뀌어야 한다. 부모가 공부하지 못한 한풀이를 자식에게 하고 싶다면 열성적으로 해도 좋다. 다만, 아이도 부모도 망가지는 "공부해라"라는 백 마디 잔소리 대신 부모가 열심히 공부하면 된다. 시간이 없다는 말은 핑계일 뿐이다.

만일 엄마가 책 읽는 데 몰두하느라 아이에게 "냉장고에 있는 반찬 꺼내서 알아서 챙겨 먹어"라고 한다면 아이들은 어떻게 받아들일까? 엄마를 육아에 무관심한 나쁜 엄마로 여길까? 오히려 엄마의 모습을 통해 아이들은 스스로 배우고 노력하게 된다.

공부를 안 해본 부모일수록 공부에 대한 환상을 갖는다. 마치 무지개 너머에 찬란한 무엇인가 있는 양 착각한다. 사람은 갖지 못한 것을 가장 갈구하고, 가보지 못한 길이 가장 아름답다고 믿는다. 그런 착각 속에서 아이만 다그치는 것이다.

또한 부모가 제대로 공부해보면 안다. 공부가 말처럼 쉽지 않다는 것을. 부모가 공부의 어려움을 몸으로 느끼면 잔소리도 줄어든다. 부모의 잔소리는 성취동기의 싹을 짓밟는 행위이기에 잔소리가 줄어야 아이가 성취동기를 갖게 된다. 부모가 공부하면 아이에게 무엇을 해줘야 할지 대안이 보인다. 공부 잘하는 아이로 키우고 싶다면 부모가 공부해야 한다.

아이가 보든 보지 않든 부모가 흥미를 갖고 꾸준히 책 읽는 습관을 들인다면, 아이들의 학습 습관은 저절로 따라온다. 이것이 순리다. 말이 아닌 몸으로 보여주는 솔선수범은 아이에게 더 큰 울림과 메시지를 주는 최고의 교육이며, 아이의 공부를 위해 부모가 해줄 수 있는 가장 좋은 선물이다.

위기에 강한 아이로 키워라

뉴스에서 안타까운 소식이 종종 들려온다. 1등만 하던 여고생이 모의고사 한 번 못 봤다고 돌이킬 수 없는 선택을 하고, 명문대생이 성적이 떨어졌다고 스스로 목숨을 끊는 소식은 매년 되풀이된다. 원하던 직장에 들어가고도 뜻대로 되지 않아 우울증에 빠진 청년들도 많다.

"너무 나약한 요즘 애들" 탓만 할 수 있을까. 그렇다고 과도한 입시 경쟁을 비난하고 정치인이나 교육 제도를 탓한들 무엇이 달라질까. 부모들이 그렇게 키운 것은 아닐까. 결국 달라질 수 있는 것도, 달라져야 할 것도 부모 자신이다. 그나마도 아이가 어릴 때 가능한 일이다.

인생은 실패와 좌절의 연속이다. 뜻대로 되는 일이 한 가지라면, 맞닥뜨릴 난관은 수백 수천 가지다. 금수저를 물고 태어나도 과연 성공만 하고 자기 뜻대로 살아갈 수 있을까. 부모가 많은 재산을 물려주고 아이에게 고학력의 학벌을 만들어주면, 과연 아이가 단 한 번도 실패하지 않는 탄탄대로를 달릴 수 있을까.

20대 초반에 아이 인생이 끝난다면 그럴지도 모르겠다. 그러나 아이가 살아갈 인생은 길다. 경제적인 부와 명문대 졸업장이 아이의 인생을 지켜주지는 못한다. 부모는 아이가 어떤 역량을 가지고 세상의 거친 파도를 헤쳐나갈 것인지 고민해야 한다. 그래야 내 아이가 무엇을 잘할 수 있고 배워야 할지, 큰 방향을 놓치지 않을 수 있다.

어떻게 해서든 좋은 성적을 받으라고 아이를 몰아치는 것은 '실패해서는 안 된다'라는 공포심을 끊임없이 주입하는 것과 같다. 이는 언제고 우울증이나 강박증, 공황장애로 터져나올 시한폭탄을 아이 마음속에 장착하는 것이나 다름없다.

한 번 무너진 것으로 도저히 일어나지 못하는 사람도 있고, 오뚝이처럼 열 번이고 스무 번이고 끊임없이 도전하는 이도 있다. 그 차이는 국·영·수 성적이 아니라, 아이가 어릴 때 부모가 심어준 인생철학과 관련이 있다.

위기에 강한 사람으로 성장시키기 위해서는 아이를 적당한 결핍 속에서 키우는 것이 좋다. 감당 못할 시련은 공포감을 주지만, 견딜 만한 결핍은 아이의 성취동기와 자존감을 강화시킨다. 어릴 때 각인된 위기 극복의 경험은 성인이 되어 거친 세상을 만났을 때 자기중심이 흔들리지 않는 용기의 원천이 된다.

적당한 결핍은 갈증을 부른다. 갈증은 무언가에 도전하고 어려움을 견디겠다는 성취욕의 원동력이 된다. 그런데 어떤 부모들은 아이가 갈증을 채 느껴보기도 전에 미리 채워주고 차단해버린다. 그게 최선의 부모 역할이라고 착각한다.

『맹자』를 보면 송나라의 어느 농부 이야기가 나온다. 곡식의 싹이 빨리 자라지 않자 농부는 몸이 달아서 싹들을 하나하나 조금씩 위로 뽑아 올렸다. 그러고는 집에 돌아와 말하기를 "오늘은 너무 피곤하군. 곡식의 싹을 도와서 빨리 자라게 하느라 힘들었어"라고 했다. 그 말을 듣고 아들이 달려가보니 곡식의 싹이 모두 말라 있었다. 맹목적인 교육열을 자녀에 대한 헌신과 열성이라고 착각하는 한국의 부모들과 송나라의 농부가 닮지 않았는가.

'물고기를 잡아주기보다 낚시하는 법을 가르쳐라'라는 말이 있다. 물고기만 잡아주면 아이가 부모 도움 없이 홀로 남게 되었을 때 어려움을 겪기 때문이다. 여기에 필자는 한 가지를 더 강조하고 싶다. 낚시하는 법도 때가 되지 않았을 때는 가르치지 말아야 한다는 것이다. 어떤 부모들은 낚시하는 법을 가르쳐준다며 아이가 잘 따라오는지는 보지 않고 무조건 밀어붙이다가 화를 부르곤 한다.

부모가 서둘러 가르친 낚시를 쉽게 배운 아이는 그 낚시 방법밖에 알지 못한다. 낚시 방법을 쉽게 정리해서 가르쳐주면 아이는 금세 배운다. 하지만 그 이상은 배우지 못한다. 안주하기 십상이고, 잘돼봐야 딱 부모만큼이다. 세상이 달라지면 어느새 구닥다리 낚시가 된다. 하나밖에 모르는 아이는 응용력을 발휘하기 어려워 결국 뒤처지고 만다.

스스로 좌충우돌하며 노력해 낚시 방법을 터득한 아이는 다르다. 부모에게서도 배우지만 책과 더 넓은 세상에서 다양한 경로로 배운다. 이를 통해 부모에게 배운 방법을 훨씬 업그레이드한다. 게다가 상황이 달라져도 응용 방법을 스스로 찾아낸다.

최악의 자녀교육 방법은 부모가 물고기를 한 마리 한 마리 잡아다 주는 것이다. 이는 아이가 살아갈 긴 삶의 면역력을 떨어뜨리는 죄악이다. 아이에게 적절한 결핍을 경험하게 해야 한다. 아이가 스스로 배울 의지를 갖도록 유도해야 한다. 가르침의 적절한 때를 기다릴 줄 아는 부모가 최고의 부모다.

타인의 시선에서 벗어나 내 아이부터 살피고 순서대로 한 계단씩 올라가야 한다. 그러기 위해서는 주변 사람들의 말에 흔들리지 말고 부모가 중심을 잡아야 한다.

공자는 『논어』의 「술이」 편에서 이렇게 말했다.

"분발하지 아니하면 열어주지 아니하고, 애태우지 아니하면 말해주지 아니하고, 한 모퉁이를 돌 때 세 모퉁이를 거쳐 돌아오지 아니하면 다시 일러주지 아니한다."

공자의 교육철학이 담긴 명문이다. 수천 년이 지났지만 오늘날 자녀교육에서도 꼭 필요한 가르침이다.

아이에게 적절한 결핍감을 주기 위해서는 아이를 끊임없이 관찰해야 한다. 그 관찰 도구 가운데 하나가 바로 체질학습법이다. 부모가 아이 체질에 맞게 한 모퉁이의 문제를 도와주면 아이 스스로 적어도 두세 모퉁이의 노력을 해본 뒤에 다음 단계로 넘어가게 이끌어줘야 한다. 대학의 취업 상담에 부모가 참석하고, 입시 과외는 물론이고 사법시험 스터디 모임까지 부모가 대신 짜주는 세태와 공자의 교육철학은 얼마나 먼가.

눈앞의 결과에만 관심이 쏠린 부모들은 때를 기다리지 못한다. 인내심이 부족한 탓에 부모가 먼저 답답해한다. 공부는 스스로 애 태우는 마음이 있어야 실력이 향상된다. 그런데 부모만 애가 탄다면 분명 잘못된 것이다. 그 결과는 「Part 03」에서 언급한 환자들의 사례를 통해 충분히 짐작할 수 있다.

'최고의 선은 흐르는 물과 같다上善若水'라는 말이 있다. 물은 웅덩이를 다 채우지 않으면 흘러 나갈 수 없다. 성급한 부모는 웅덩이에 물이 다 고이기도 전에 억지로 퍼내어 앞으로 나아가라고 다그친다. 결국 웅덩이는 고갈되어 밑바닥을 드러내고 만다. 억지로 퍼내어 얼마 남지 않은 에너지는 흙을 뚫고 나아갈 힘을 잃고 여기저기 흩어져버린다.

아이를 관찰하며 때를 기다려주면 물은 언제고 차게 마련이다. 가득 찬 웅덩이는 흘러넘쳐 스스로 물길을 만든다. 바위가 앞을 가로막으면 옆으로 굽이쳐 돌아가면 그뿐이다. 아이는 쉼 없이 새로운 물길을 만들어 바다를 향해 힘차게 나아갈 것이다. 그러면 때를 기다리며 겪는 수많은 실패를 견뎌낼 용기를 얻을 것이다.

아이의 마음이 꺾이지 않도록 도와주는 것은 부모의 따뜻한 격려와 지지다. 부모는 아이를 믿어야 한다. 부모의 조바심은 아이를 믿지 못하는 데서 비롯된다. 내 아이만 뒤처지는 것 같은 마음에, 다른 집 아이와 비교하며 안달복달한다. 부모가 조바심을 버려야 아이가 타고난 정신 에너지를 최대한 끌어내어 큰 그릇을 만들 수 있다. 당장 눈앞의 경쟁에만 몰두하면 아이의 그릇은 점점 작아질 수밖에 없다.

어릴 때부터 아이의 학습 습관을 만들어주는 것 역시 부모의 역할이 중요하다. 아이가 문제를 틀리거나 작은 실패를 했을 때 큰 잘못이라도 한 양 부모가 호들갑을 떨면 아이의 무의식 속에 강박적인 두려움이 자리하게 된다. 아이가 잘되라고 부모가 하는 모든 행위를 아이는 공격이자 구속으로 느낀다. 부모의 사랑을 확신하지 못하는 아이의 마음에는 미움과 분노가 생긴다. 그리고 자신의 실패를 남이 비웃지 않을까 하는 비관적인 가치관을 갖게 된다. 그런 아이가 훗날 행복한 삶을 누릴 수 있을까.

실패할지언정 좌절하지 않는 마음을 키우는 것이 중요하다. 부모가 일희일비하는 모습을 보이면 아이 마음속에서는 더 큰 파도가 일렁인다. 그래서 지금 당장 혼나지 않을 안전한 선택을 하기 위해 전전긍긍하는 삶을 살아가게 된다. 가장 큰 실패는 크고 작은 실패로부터 아무것도 배우지 못하는 것이다. 열 번의 시험에서 한 번 실수하는 것조차 용납하지 못하는 부모들이 많다는 것은 안타까운 일이다.

공부는 마라톤이며 부모의 역할은 페이스메이커일 뿐이다. 아이가 지치지 않고 꾸준히 달려갈 수 있도록, 그 어떤 난관에도 좌절하지 않도록 위기와 실패에 강한 아이로 키워야 한다.

실패는 성공의 토대가 됨을 아이가 배울 수 있도록 도와줘야 한다. 실패가 두려워 아무것도 하지 않으려는 것은 성공의 토대 자체를 허물어버리는 일이다. 부모들이 공부를 시작하는 아이들에게 물려줘야 할 유산은 비싼 과외도, 물질적인 풍요도 아닌 바로 이런 가치관이다.

아이의 공부 그릇

초판 1쇄 인쇄 2015년 5월 22일 초판 1쇄 발행 2015년 5월 28일

지은이 강용혁·최상희   펴낸이 연준혁

출판 1분사
책임편집 최연진
편집 최혜진 가정실 한수미 정지연 최유진 김민정
디자인 조은덕
제작 이재승

펴낸곳 (주)위즈덤하우스 출판등록 2000년 5월 23일 제13-1071호
주소 경기도 고양시 일산동구 정발산로 43-20 센트럴프라자 6층
전화 031)936-4000 팩스 031)903-3893 홈페이지 www.wisdomhouse.co.kr
종이 월드페이퍼 인쇄·제본 (주)현문 특수가공 이지앤비_특허 제10-1081185호.

값 13,000원   ⓒ 강용혁·최상희, 2015
ISBN 979-11-86117-22-4 03590

이 도서의 국립중앙도서관 출판예정도서목록(CIP)은 서지정보유통지원시스템 홈페이지(http://seoji.nl.go.
kr)와 국가자료공동목록시스템(http://www.nl.go.kr/kolisnet)에서 이용하실 수 있습니다.(CIP제어번호:
CIP2015014260)

위즈덤경향은 위즈덤하우스와 경향신문사가 함께 만든 출판브랜드입니다.